草原民俗风情漫话

漫话草原羊

田宏利／编著

内蒙古人民出版社

图书在版编目(CIP)数据

　　漫话草原羊/田宏利编著.-呼和浩特:内蒙古人民出版社,
2018.1
　　(草原民俗风情漫话)
　　ISBN 978-7-204-15226-1

　　Ⅰ.①漫…　Ⅱ.①田…　Ⅲ.①蒙古族-羊-驯养-历
史-中国　Ⅳ.①S826-092

　　中国版本图书馆 CIP 数据核字(2018)第 005365 号

漫话草原羊

编　　著	田宏利
责任编辑	王　静
责任校对	李向东
责任印制	王丽燕
出版发行	内蒙古人民出版社
地　　址	呼和浩特市新城区中山东路 8 号波士名人国际 B 座 5 楼
网　　址	http://www.nmgrmcbs.com
印　　刷	内蒙古恩科赛美好印刷有限公司
开　　本	880mm×1092mm　1/24
印　　张	8.5
字　　数	200 千
版　　次	2019 年 1 月第 1 版
印　　次	2019 年 1 月第 1 次印刷
书　　号	ISBN 978-7-204-15226-1
定　　价	36.00 元

如发现印装质量问题,请与我社联系。联系电话:(0471)3946120

序

北方草原文化是人类历史上最古老的生态文化之一，在中国北方辽阔的蒙古高原上，勤劳勇敢的蒙古族人世代繁衍生息。他们生活在这片对苍天、火神、雄鹰、骏马有着强烈崇拜的草原上，生活在这片充满着刚健质朴精神的热土上，培育出矫捷强悍、自由豪放、热情好客、勤劳朴实、宽容厚道的民风民俗，创造了绵延千年的游牧文明和光辉灿烂的草原文化。

当回归成为生活理想、追求绿色成为生活时尚的时候，与大自然始终保持亲切和谐的草原游牧文化，重新进入了人们的视野，引起更多人的关注和重视。

为顺应国家提倡的"一带一路"经济建设思路和自治区"打造祖国北疆亮丽风景线"的文化发展推进理念，满足广大读者的阅读需求，内蒙古人民出版社策划出版《草原民俗风情漫话》系列丛书，委托编者承担丛书的选编工作。

依据选编方案，从浩如烟海的文字资料中，编者经过认真而细致的筛选和整理，选编完成了关于蒙古族民俗民风的系列丛书，将对草原历史文化知识以及草原民俗风情给予概括和介绍。这套丛书共 10 册，分别是《漫话蒙古包》《漫话草原羊》《漫话蒙古奶茶》《漫话草原骆驼》《漫话蒙古马》《漫话草原上的酒》《漫话蒙古袍》《漫话蒙古族男儿三艺与狩猎文化》《漫话蒙古族节日与祭祀》《漫话草原上的佛教传播与召庙建筑》。

丛书对大量文字资料作了统筹和专题设计，意在使丰富多彩的民风民俗跃然纸上，并且向历史纵深延伸，从而让读者既明了民风民俗多姿多彩的表现形式，也能知晓它的由来和在历史进程中的发展。同时，力求使丛书不再停留在泛泛的文字资料的推砌上，而是形成比较系统的知识，使所要表达的内容得到形象的展播和充分的张扬。丛书在语言上，尽可能多地保留了选用史料的原创性，使读者通过具有时代特点的文字去想象和品读蒙古族民风民俗的"原汁原味"，感受回味无穷的乐趣。丛书还链接了一些故事或传说，选登了大量的民族歌谣、唱词，使丛书在叙述上更加多样新颖，灵动而又富于韵律，令人着迷。

这套丛书，编者在图片的选用上也想做到有所出新，选用珍贵的史料图片和当代摄影家的摄影力作，以期给丛书增添靓丽风采和厚重的历史感。图以说文，文以点图，图文并茂，相得益彰。努力使这套丛书更加精美悦目，引人入胜，百看不厌。

卷帙浩繁的史料，是丛书得以成书的坚实可靠的基础。但由于编者的编选水平和把控能力有限，丛书中难免会有一些不尽如人意的地方，敬请读者诸君批评指正。

编　者

2018 年 4 月

目录 contents

01. 草原美食草原羊 / 01

02. 额吉唱过的呔格歌 / 07

03. 五畜之首草原羊 / 15

04. 通向餐桌的京羊道儿 / 23

05. 护佑畜群的牧羊神 / 31

06. 现煮现吃的汆羊肉 / 37

07. 超有来历的涮羊肉 / 43

08. 上档次的手把肉 / 51

09. 高大上的烤全羊 / 59

10. 烤全羊的三大席 / 69

11. 高朋满座献术斯 / 75

12. 礼献全羊讲礼数 / 83

13. 芒来术斯献新娘 / 93

14. 羊腿羊背很有料儿 / 99

15. 骶骨羊拐有内涵 / 111

目录 contents

16. 肩胛骨上故事多 / 119

17. 新婚夫妇啃羊脖 / 129

18. 婚前来场放供宴 / 139

19. 抹画公羊祝吉祥 / 147

20. 元上都的诈马宴 / 155

21. 规格高端的宫廷宴 / 163

22. 豪华盛宴的大场面 / 171

23. 诈马宴的跨时空链接 / 183

参考书目 / 191

后记 / 192

草原美食探源千年

草原上的牧人们无论是在宰牛或杀羊之前，都会虔诚地诵读一番，这样做的原因，主要是感念。这一番诵读，常常会心灵感应般让周围的人和即将升天的牲畜流下泪来。

内蒙古自治区山脉蜿蜒数千里，河流湖泊星罗棋布，有著名的沙漠旅游风景和平原美景。到内蒙古旅游的人们不仅随处可以欣赏到如画的美景，感受少数民族不一样的风情，也可以随处品尝到特色美食。

提到内蒙古的羊，更多的人想到的还是这里的羊肉。蒙古民族的传统饮食以肉食和奶食为主，肉食里面则以羊肉和牛肉为主，历史上，随着游牧民族的南下和蒙古羊的不断驯化与扩散，作为北方游牧民族的主要肉食，羊肉在汉人饮食中的分量逐渐上升，

在唐代更是发展为主要的餐桌肉类。草原上的肉用羊，以分布在东部草原上的绵羊为主，其中以苏尼特羊、乌珠穆沁羊以及呼伦贝尔地区的巴尔虎羊最为著名。

在肉用羊中，苏尼特羊可列为最受牧民欢迎的品种之一。这种人工培育的瘦肉型品种，主要分布在锡林郭勒盟、巴彦淖尔市以及乌兰察布市境内，其中主产地苏尼特左旗及苏尼特右旗多是丘陵、沙地和湖盆低地构成的荒漠草原。这种羊因为耐旱耐寒，又被称作戈壁羊，其肉质紧实，味道浓郁，成为涮羊肉首选。

"比别的羊多一对肋骨"的乌珠穆沁羊，是产自锡林郭勒盟的绵羊品种。它们膘厚抗冻，因肉质肥而松软，颇受中亚国家的偏爱。这种羊体型修长，其中相当一部分羊不仅多出一对肋骨，还比其他羊多了两节脊椎骨，这可是经过多少代的人为育种不经意间留下的变异，有人套用伊甸园的神话，说乌珠穆沁羊是苏尼特羊的情人，蒙古族的祖先用苏尼特羊的肋骨造就了乌珠穆沁羊。

在内蒙古，肉质名气不亚于苏尼特羊和乌珠穆沁羊的，还有产自呼伦贝尔草原的巴尔虎羊和呼伦贝尔羊。放眼国内其他

地区，肉质鲜美或者皮毛著名的羊大多和蒙古羊有着紧密的联系。

巴音布鲁克羊，产于新疆巴音郭楞蒙古自治州。虽然有一个新疆名字，但它们其实是随蒙古族早年游牧而来。由于地处高山盆地，交通不便，今天这里仍然是蒙古族的聚居地，而闭锁繁育的巴音布鲁克羊也仍然保持着蒙古绵羊的主要特征。

在内蒙古西部的阿拉善地区，羊肉也在牧民的日常饮食中占有相当大的比例，蒙古人认为，绵羊肉性温，牛肉、驼肉和山羊肉性寒，所以，他们在冬天一般食用绵羊肉，在夏秋季则多食用牛肉、山羊肉和驼肉。牲畜常常会在夏秋季抓膘，而冬春季又要掉膘，因此，草原上的牧民们一般会选择在冬季初冷，即小雪和大雪节令之间宰杀牲畜，用作冬春季节的肉食。

草原上的牧人们无论是在宰牛或杀羊之前，都会虔诚地诵读一番，这样做的原因，主要是感念。这一番诵读，常常会心灵感应般让周围的人和即将升天的牲畜流下泪来。

据说生活在草原深处的牧区孩子，自小就要与牲畜对话和亲昵接触，这样，他们就会用一种特殊的声音唤起牲畜的认同。不论是绵羊还是山羊，在它们还是羔羊的时候，都会由小主人赋予一些特殊的名号，这些名号在草原的童心上，是那些永远挥之不去的牵挂，每逢宰杀牲畜的日子来临，他们都会焦急地期盼着，期盼着时间的脚步快快走过，希望那些与自己交

好的牲畜，能够不被列入被宰杀的黑名单。

　　蒙古人通常选择那些度过寒冬比较困难的牲畜进行宰杀，而且宰杀量很少。如果进行生活用品交换，他们宁愿用活羊来换。这种心态，同样可以折射出他们与动物之间灵魂的沟通。羊被宰杀时，血一般不会流失，蒙古人认为羊血里寄托着羊的灵魂，羊血大都会被收集起来，被人煮食。

　　蒙古人吃羊肉有着一套非常隆重而又细致的仪式，举凡喜庆、待宾、聚会，都要吃整羊。他们把羊头、脖颈、胸椎、四肢、荐骨部和胸脯等各作一件卸开，入白水锅煮熟，将煮好的带肋条的两只前腿和后大腿，按照羊卧姿盛于托盘中，然后把荐骨部摆在上面。摆放时，脊梁向前方，即朝向主客（或者年长者）的方向，再把羊头面向客人（或长辈）放在荐骨上，把胸椎放在右面。

　　摆好以后仍然不可以吃，有一个人要分割整羊。分割前，要从羊的各个部位切取一小块置于容器中，拿到屋外进行泼洒祭祀，感激天地苍穹赐福他们，然后，还要用一些优美的语言，对羊、对客、对宴会进行祝赞：

　　献给首席上宾／献给全体贵客／献给陪客父老／和那儿女亲家／还有诸位兄长／以及围坐在一旁的小客人呐／扎／共尝这肥美整羊宴！

额吉唱过的呔格歌 02

行走在草原深处，我们常常可以看到草原上的老阿妈们，用温暖的皮衣包裹着一只小羊羔，如果遇到母羊不喂自己的羔羊，老阿妈就会用低沉而感人的声调唱着"劝奶歌"，也就是草原上传唱了不知多少岁月的《呔格歌》。

春天是母畜生产的季节，也是牧业收获的季节。牛、马、羊都在这时生产幼羔，鲜嫩的青草一长出来，它们就能吃到最新鲜的草料，开始茁壮成长。接羊羔是牧区最重要也是最累的工作，草原上的羊群大群上千，小群也是数百，光靠自家接羔肯定是忙不过来的。这个时候相邻草场的几家牧户就会组合起来，轮着值

守羊群，下夜接羔。接羔时，各家各户的老人和孩子就都是劳动力了，在接羔的活儿上都要上手。

　　下羊夜，要经常到羊群中查看，有新下的羔，就在母羊舔完羊水后，给母羊作好记号，然后把小羊拿进羔棚，以防小羊冻死或被羊群踩踏。一晚上最多的时候能下二三十只。第二天还要对羔，谁下的夜，谁就要负责给这些小羊找到母羊，所以都要做好标记，在牧区，牧民们都有特殊的记羊能力。

　　蒙古族牧人会把羊羔看成自己的孩子，如果喜得羔羊，就一定会让它活下来。当然，不是所有的母羊都会主动找自己的孩子喂奶，以前下过羔的和母性好的母羊，一般情况下，将羊羔交给它就带走了，有些母羊第一次做妈妈，不会带羔子，病弱的母羊也有不愿要孩子的，就要单独把着母羊让小羊吃奶，这时就要唱劝奶歌。还有一种情况是母羊死了小羊，另一只小羊失去了妈妈，就把它给死了小羊的母羊当养子。开始的时候母羊是肯定不要的，它能嗅得出来小羊不是自己亲生的，这时候牧民们就把母羊的尿抹在小羊身上，然后揪着母羊，一边让小羊吃母羊的奶，一边唱着劝奶歌，这样待上几天，母羊也就认了。

　　行走在草原深处，我们常常可以看到草原上的老阿妈们，用温暖的皮衣包裹着一只小羊羔，如果遇到母羊不喂自己的羔羊，老阿妈就会用低沉而感人的声调唱着劝奶歌，也就是草原上传唱了不知多少岁月的《哒格歌》，每当母羊听到这首歌，就会安安静静停下来，给自己的羔羊喂奶：

　　你那可怜的花脸羔啊，
　　正在吮吸你的乳汁。
　　本是你的亲生羔哟，
　　不该这样嫌弃。
　　哒格　哒格　哒格，
　　你那可怜的小白羔啊，
　　正在吮吸你的乳汁。
　　本是你的亲生羔哟，
　　不该这样抛弃。
　　哒格　哒格　哒格，

本是你的亲生羔哟，
应该表示你的亲昵。
用你那母亲的乳汁哟，
把它喂得肥又肥。
哒格　哒格　哒格，
你的小羔就会繁殖哟，
好像白云飘遍草地。

　　牧区接羔是一年中最忙的时节，牧民一天到晚马不停蹄，事无巨细，要干的事很多，干完这件，还有另一件事等着去干。

　　因为母羊产羔，原来的一群羊就要分开来放牧：有大群的"索白"（指未下羔的羊）、大群的"撒和"（指带羔的羊）和新下羔的羊群（因羔子小跟不上大羊，就在自家附近放牧），还有在圈里喂草的体质较弱的羊，有的牧民还把即将下羔的山羊挑出来单放。

　　在这青黄不接、母羊又要育羔的时节，最重要的工作就是喂

饲草。分开放牧的群羊要依次饲喂，工作量可想而知。

　　一大早起来，就要先去给各类羊群放好饲料喂上它们，然后去摊放干饲草，让羊群先吃上储存的干草之前还要饮水。羊群吃上草了，牧人才回屋烧茶、洗漱、喝茶。

　　喝完茶，羊也把饲草吃完，陆续走向草场了。牧民接着的工作就是对羔（牧区叫讨羊）。对羔的意思就是数羊，牧人拦在羊群的一边，放出带着羔的母羊，没有带上自己羔子的母羊不能放出去，让它们去找自己的羔子。有蒙混过关的母羊或跟着瞎跑的多出的羔子，都要追回来，整个对羔的过程就是与逃羊的赛跑。这样的对羔每天都要进行两次，对羔的意义在于，一是羔子都能找到妈妈，保证能吃上奶；还有就是有的羔子睡觉跟不上羊群，不知被母羊落在哪了，这样就对不上数。一旦数不对，牧人就要循着羊群走过的路线去找回它们。

　　外边大群"撒和"羊群的活儿干完后，圈里的活儿还有不少。在圈里喂完草，还要清圈，这是每天必做的工作。

　　午茶喝过，稍事休息，又要去对羔。不久，下午喂饲草饲料的时间就又到了。

　　白天，羊倌还要不时地去关照"索白"群，看是否有新下了羔的羊，有了就要把羔子背回来，因新下的羔羊跟不上母羊，母羊会留在那儿看护羔羊，就不能跟上羊群走。天气寒冷时，羔子在野外还会被冻死。

　　等一群群羊陆续进了圈，天色就已暗下来了，牧民这才能"下班"回屋做晚饭，这时，已是晚上八点了。

　　这样忙碌辛苦的接羔日子要持续一个来月。牧人们除了接羔，还要放牛，接牛犊，忙得不亦乐乎，吃不上饭，顾不上烧茶，又累又困，又着急，生活中充满了喜怒哀乐。对不上羔子着急；母羊不要小羊生气；看着有小羊死去难过；可在忙碌的过程中，看着自家接的羊羔在羊圈中活泼地蹦跳时，又会特别高兴，会很自然地生发出传递和延续生命的成就感。

五畜之首草原羊

03

在某种程度上，绵羊其实是一种很笨的动物，它们仿佛总是迷迷糊糊忘记带上脑子出门，早已没有了它们的先祖——盘羊的矫健与警觉。

草原上有句俗语：草原有五畜，牛马骆驼羊，羊为五畜首。在这五畜里，羊占了两个位置，即山羊和绵羊。为什么看上去最为弱小且温顺绵软的羊儿会在五畜之中连占两席呢？原来，在羊群中，必须是有绵羊和山羊的组合才够完美。山羊机警、好动、走得快，绵羊胆小、谨慎、走得慢（它们常常只顾着安静地吃着鼻子底下的草，有时候狼来了都不知道）。只有绵羊的羊群是找不到好的草场的，只会越放越瘦；而只有山羊的羊群则走得太远、太快，走着走着就散了。所以，在绵羊群中放入一定比例的山羊，山羊生性知道躲避危险，遇到狼知道报警，可以带着绵羊去更为

安全的地方。

　　人类对山羊和绵羊的驯化，可以追溯到11000年前。这两种羊的驯化几乎是同时完成的，而且都发生在亚洲的西南部地区。绵羊是由野生盘羊驯化而来，而山羊的祖先是野山羊。而今，在内蒙古高原上，仍有山羊和绵羊的祖先——北山羊在游弋，它们主要分布在内蒙古西北地区。北山羊与家养的山羊极为相似，它们有着更为灵活的身体，善于攀缘和跳跃，可以在荒漠中和岩石裸露的山上来去如飞；野生盘羊有着群居的习性，它们喜欢在水草丰茂的开阔缓坡上觅食，同时也喜欢爬山——尤其是雌羊喜欢带着幼崽，栖息在陡峭的岩石上。

　　在草原上，单独放牧山羊或绵羊都是很不妥当的。

　　在某种程度上，绵羊其实是一种很笨的动物，它们仿佛总是迷迷糊糊忘记带上脑子出门，早已没有了它们的先祖——盘羊的矫健与警觉。冬天，草原被积雪覆盖，河流冻结，羊群大多只能以雪解渴。到了春天，河流解冻，羊群终于有机会喝到流动的水，于是纷纷涌到河边，只顾自己低头喝水，而走在后面的羊解渴心切，仍然傻愣愣地往前挤。于是，每年春天，都会有羊被挤到河里去，甚至溺死。基于这样的无奈，有经验的牧民只得尽量寻找平缓的河岸供羊群饮水。绵羊生性慵懒软弱，草原上的牧民说："如果羊群遇到饿狼，绵羊只知道扎堆聚集在一起，即使被狼咬住喉

拢，也很少发出叫声"。

夏天的时候，草原上有很多苍蝇、蚊子和虻之类让羊群讨厌的小虫子。山羊若是迎风走，这些小虫子就不会落脚叮咬，于是不胜其烦的山羊群不管家在哪里，索性就一直顶着风走，而且各走各的。羊就会很快的走散，山羊的记性也很有限，走远了，同样找不到家；不见了羊群的牧民只好顶着风去一只只把它们找回来，在茫茫草原上找羊，实在是一件令牧民们很操心的事。

行为的差异并没有让山羊和绵羊各自为生，反而把它们整合在了一起。夏季的牧场上，如果是绵羊群，它们很可能聚在一起取食，直到把一小块草场啃光。但是混进了山羊，山羊领路，督促绵羊活动，能够扩大放牧半径，充分合理地利用草场。

绵羊怕热，夏天的时候它们总是挤在一起，自作聪明地利用同伴的身体来遮阴，有山羊在，就可以把它们分散开来，不过山羊也有短板，山羊怕冷，到了冬天，山羊在夜里特别喜欢扎进绵羊堆里睡觉。

在草原上养羊，远远不止把山羊、绵羊混了群就可以养育出肉质肥美的羊来。为了养出好吃的羊肉，牧民们还要懂得，在不同的季节应该把羊带到什么样的牧场。

在内蒙古东部的夏季牧场，最受羊欢迎的食物，是禾本科的羊草、

针茅和隐子草、冰草。此外，野韭、细叶葱等多汁而有刺激性气味的葱属植物，还有各种开着蝶形花的豆科植物，也非常适合羊儿们的口味，这些植物为羊儿们提供了丰富的蛋白质。

在内蒙古的西部，草原逐渐被干旱的荒漠替代。在荒漠区，稀疏的小灌木和一年生的禾本植物是主要植被，也是羊群最重要的食物来源。在那里，更多见的是山羊，相比绵羊，山羊更爱吃粗硬的食物，这些矮小的灌木十分适合它们的口味。它们也偶尔啃树皮，但并不像人们说的那样，比较热衷于扯断多年生草本植物的根茎。

作为草原上最重要的家畜，绵羊和山羊为在草原上生活的人们提供着羊毛和羊肉等生活必需的物资。羊和草原，就像鱼和水一样，密不可分。人、羊、

草原，彼此依存，相互关联，在漫漫草原的悠长岁月里，始终维持着微妙的平衡。

在鄂尔多斯地区，有一首名为《北斗七星祷词》的祷告词，词意是：

"不可思议的火种，祈求赐予：

尾巴肥大的绵羊，油膘肥厚的羯羊，

数不尽的绵羊山羊福禄。"

这首祷告词里，人们向火神祈祷，并不是索求火种烧烤全羊，而是要绵羊和山羊共同为草原带来温暖和福禄。

绵羊和山羊的故事

　　传说草原上山羊和绵羊曾经在一起生活，绵羊吃得腰圆膘肥，脖子直挺挺的，只能抬头找草尖吃；山羊尾巴小，摆动特别欢，嘴快，腿也快。它觉得和绵羊生活在一起实在别扭，绵羊也看不惯山羊，嫌它轻佻，蹦蹦跳跳，什么高岗陡坡、深谷悬崖都敢去，有事没事总是咩咩叫个不停。于是，绵羊常常对山羊的行为倍加指责。这样一来，山羊就和绵羊有了意见，分了家，各走各的。过了些日子，绵羊由于走不了远路，把近处的草都吃光了，不仅吃不上草，连水也喝不上，它们没有领路的，一走开就各奔东西，有的吃上了草，有的吃不着，各自不停地奔走，又不喜欢相互召唤和彼此照应，这样一来，不是走失就是被狼吃掉。日子一长，绵羊尾巴小了，脖子也奄拉下来了，变得实在不像样子。山羊呢，开始行动自由，轻便自在，可是走得快了，一跑就是老远。走累了，睡起来没个头，结果不是被虫子咬就是被狼吃。分家的结果，使双方都吃尽了苦头。大家经过一番寻思合计，都承认了对方的优点。山羊说：绵羊温顺老实，能平稳地跟着走，有主人跟着，能得到保护；绵羊说：山羊机灵，是领路的好手，有事还打个招呼，不会出什么问题。于是，绵羊和山羊和好，又在一起生活了。

通向餐桌的京羊道儿 04

由于消费群的特殊，从归化向北京运送活羊，在清代是一件带有某种政治色彩的商业行为。朝廷专门为归化的商人划定了赶运羊群的路线，这条道儿就叫作"京羊道"。

看到这样的标题，读者们一定会觉得很"奇葩"。生活在北方、四季都会吃到羊肉的朋友们大抵都知道，草原上的羊生性懒惰、胆小，即使遇见狼，也只是扎堆儿挤在一起，任由狼来随意把自己或身边的同伴叼走，连叫都不叫一声。但要一群羊自己争先恐后走向通往餐桌的"羊肠大道儿"，我估计再傻的羊也不会愿意。不过，在旧时的归化城，这样的事情还真有。

并非是草原上的羊们通了人性，一定要自己迈开四条腿，走到千里之外的食客们的餐桌上，去证明自己是绿色、健康、纯天然、无污染的正宗草原羊。其实，这一切都是在人为的驱赶下才得以完成的。"京羊道"就是把羊儿们赶往北京时专门走的道路。羊到北

京走的道就叫"京羊道"，赶羊的工人称作"羊把式"。旧时，羊把式是归化一种特殊的职业，从业人员数以万计。不但人数众多，还有着一定的社会地位，而且无论归化的、京城的，还是外省的各大商号，还真不敢轻易开罪这些"羊大爷"，这些"羊大爷"一旦撂了挑子，北京城里的宫廷大厨们和驻京的八旗兵就没得羊肉吃。

赶羊的活儿说来容易，做起来并不那么简单。千里迢迢，赶运活羊，全凭对羊性情的熟悉，还有长期从事贩卖经验的积累和技术。

归化人无论做什么都喜欢将其规范化、艺术化。组织驼队、赶运活马、活羊都是如此。羊群有羊群的编制和序列，马群有马群的编制和序列，丝毫马虎不得。在驼队就连使用的绳索、抓挠、驼屉都要统一尺寸，使之标准化，绝不准乱来。做事的人无论干什么都极富敬业精神。就说向北京运送活羊吧，归化人就非得开辟一条专门的道路，决不肯敷衍迁就。既是运送活羊的道路，这道路的行经路线、路幅宽窄，就要有一定之规，不但商家民间认可，还要官府甚至当朝的最高统治者皇帝特批。即是朝廷规定的专用路线，就不准别的牲畜在路上行走，不准别的畜群在羊道上吃草喝水，更不准随意侵蚀占用。

归化的商号每年从喀尔喀草原赶回本地交易市场的羊群，一般都在当年被买走。买客大都是来自京津两地和华北各省的主顾，归化人把他们称作"羊客"。在各路羊客中以"京羊客"贩走羊的数量最大。"京羊客"做生意是很赚钱的，这是因为清代居住在北京的满族、回族和汉族大都喜欢吃羊肉，还有驻扎在京畿八旗的"大兵哥"也是消耗羊肉的大户，这些"羊客"来到归化城，把羊买好之后，赶运羊群的事就不用他们管了，无论他们是和哪家商号做成的生意，归化城的商号都会很负责任的为买主按时安全地把活羊运到指定地点。

实际上不论是从哪里来的羊客，都不可能把自己买到手的大批活羊赶运回去，长途赶运活马活羊，是一项技术性特别强的工作，这件事情只有归化人能够干得了！

归化羊工赶运活羊的经验，是在几百年的实践中积累起来的，其历史至少可以追溯到明代中原与草

原的茶马互市，那个时候就已经有了长途赶运活羊的"快递业务"。归化羊工掌握着一整套长途赶运活羊的技术。从草原到北京以及华北各地，中途经过的地势地形非常复杂，有草原、沙漠、山地，路途遥远，气候的差异特别大。动辄就是上千里地的长途跋涉，要想让羊群在路途上不掉队，到达目的地之后还要保持膘情，实在不是一件容易的事。

作为一座成熟的商城，归化城的各行各业在长期实践的过程中形成了各自完整而严格的规矩。归化城的羊工赶运活羊是以"羊房子"来做计量单位的，所谓房子其实指的就是帐篷，按规矩一顶"羊房子"可以住十五个羊工，且必须是十五个，一个不能多，一个不能少。一顶"羊房子"的意思就是一万五千只羊。归化城每年光向北京方向赶运的"羊房子"就有二十多顶，只要稍做计算就会知道，二十多顶"羊房子"就是三十多万只活羊！

由于消费群的特殊，从归化向北京运送活羊，在清代是一件带有某种政治色彩的商业行为。朝廷专门为归化的商人划定了赶运羊群的路线，这条道儿就叫作"京羊道"。

大清朝廷为归化商人划定的京羊道有四条：其中由归化城出发，经卓资山、平地泉、狮子沟、狼窝沟、张家口、保安滩、南口、沙河、德胜门，是最大的一条京羊道。

一过张家口，情势就变得复杂化，张家口以东的道路草地少田禾多，因为担心羊群糟害庄稼，每一百只羊就得一名羊工看管。据说，同治、光绪年间，曾有一个时期归化的商人停止向北京赶运活羊，结果搞得北京市民与驻地部队的官兵吃不上羊肉。于是，朝廷派员到归化调查缘由。原来是从归化赶往北京的羊群糟蹋了京羊道沿路农民的庄稼，引起农民与商人的争执，因此造成北京羊肉的断档。于是朝廷一张圣旨下来，命令将张家口至北京的京羊道拓宽三丈六尺。自此，京羊道畅通无阻。

事事都要讲究规矩的归化人，在长途运送活羊方面自然也有严格的行规：每顶"羊房子"分为三大群，每一大群下分三小群，每一小群三百只，称为三三编制。各群依次前行，其间的距离约在二里；大群之间的距离是二三十里。前头掉队的羊由后一群负责收留；赶运最后一群羊的工作一般安排最有经验的羊把式干，他要负责把所有掉队的羊收留起来并且赶到目的地。

长途赶羊首先走路速度要均匀，不能太快也不能太慢，这就要靠羊工凭经验把握。在宿营地必须选择好"卧盘"，夏天卧盘要选低洼地带，冬天要选稍高的地势，免得使羊受凉或上火。如何饮羊也是极讲究的事情，若是在冬天隔一日一饮；若在夏天则必须每天都饮。遇雪天羊在吃草的时候连雪也吃下去了，那么，三四天饮一次就可以了。

啖羊也是一件不可忽视的事情，为了让羊爱吃草爱喝水又上膘，就要啖羊；冬天给羊啖碱，夏天啖盐。如遇羊生了病，归化城的羊工们一般都会给羊治疗；倘若羊误食了乌头草就会口吐白沫，不及时治疗就会死。这种病只要灌盐水即可治愈；羊得了脾胀会胀肚子，在羊的脊梁上第七根脊骨处扎针即可治好。羊被毒蛇咬伤，在伤口处放血即可治愈……

曾经有俄国的商人看到归化商人长途贩运活羊很是赚钱，于是也操起这档生意，结果是临时拼凑起来的羊工根本不能胜任这项工作——大批活羊还没运到张家口便死的死、丢的丢，落了个全军覆没的下场。可见这长途赶运活羊的工作真的不是一件简单的事情。

总之，归化的羊工在管理羊群方面积累了大量的经验，无论路上遇到什么情况他们都能妥善处理。赶运羊群这项工作，在他们的手里不但规范化了，也被充分地艺术化。可以想象，从归化到北京漫漫京羊道上，羊群滚滚前行的生动情景，真的是一种诗化了的风景……

夜幕来临，沿路搭起许多帐篷，像开出了一朵朵白色的蘑菇。羊儿们静静地卧在草地上，旷野上的风，从草尖上一阵阵蹒跚而过，沉默的黄昏、孤寂的山岭、清冷的月光，还有旷野上，那些赶羊羊工，一首首苍凉辽远的歌声……

05

庇佑畜群的牧羊神

蒙古萨满中流传着许多关于"保牧乐"的传说。"保牧乐"（又被称作"宝木勒"）是"天上下来的"意思。据说他是天帝的第五个儿子。

历代有关羊的传说很多，如传说中教先民种植庄稼的后稷，其身世就与羊有关，据说其母姜嫄生下后稷曾把他遗弃陋巷，幸有牛羊自动前来喂奶，后稷才得以生存下来。在西方《圣经》故事中，耶稣诞生第一个获得消息的是牧羊人。草原上流传的羊有跪乳之义的传说，更是增加了这一动物的神性。

同样，草原上有关"保牧乐"牧羊神的传说也是广为流传。传说在很久很久以前，草原上有一位单身的牧羊老人，名叫保如乐岱，他笃信吉雅其神。他有七只紫色的绵羊，还有一匹生着翅膀的铁青飞马（宝

马）和一匹不会飞的铁青马。

有一天，老人发现羊群里生了一只雪白的牝羊羔，于是便准备用它来祭奠神灵，不料，天帝霍尔穆斯塔派来两只乌鸦，剜吃了白羊羔的两只眼睛。老人一气之下乘飞马追上两只乌鸦，捉住它们痛打了一百羊鞭，拔掉了它们的铜嘴，换上了羊角嘴。两只乌鸦被狠狠地惩罚后，飞回去向霍尔穆斯塔控告了保如乐岱老人。天帝一听大怒，又派了两只恶狼，令他们偷偷吃掉老人的飞马，以示严惩。老人在吉雅其神的梦示下作了安排，他知道狼的本性贪婪，不愿意放过每一头牲畜，于是将飞马拴在屋里，给不会飞的铁青马上了绊子拴在门前。狼果然上当。吃了那匹不会飞的铁青马后匆忙逃走，以为完成了任务。正洋洋得意往回赶路的时候，老人又骑上飞马在空中捉住了两只狼，各打一百鞭子，打断了它们的脊梁，拔掉了它们的钢牙，换上了骨牙，弄得它们遍体鳞伤，两只恶狼一瘸一拐地回到天上，又向天帝告了一状，天帝震怒，

又令阎王派两个纸鬼去了解老人的身世。老人得到吉雅其的梦示，把门窗关严，在窗下放了一碗水便睡下了。醒来一看，纸鬼掉进碗里，浑身湿透无法动弹，老人骂它们是"有门不走，专钻窗户的破鬼"，就把它们撵走了。纸鬼回到天庭禀告，天帝愤怒之余又派来黑龙要打死老人的飞马，老人在吉雅其的梦示下，手握猎棍等待着黑龙的袭击。黑龙驾黑云来到，与老人厮打起来。几个回合以后，黑龙打断了飞马的三寸黑马尾，老人却一棍子把黑龙的尾巴连根打断，大腿关节摔脱，再也站不起来了。

天帝见势不妙，便决定亲自来人间审讯老人。但是，能言善辩的保如乐岱毫不畏惧地慷慨陈词，据理力争，揭发了乌鸦、恶狼、纸鬼、黑龙使者的罪恶，把天帝驳得哑口无言。天帝对保如

乐岱老人说"保如乐岱,你做得对,从此你做我的'护鲁格——保牧乐',保护人间牲畜吧!"说完就回天上去了。从此,这个勤劳的老牧羊人——保如乐岱就被蒙古人当作保护牲畜的神供奉起来。

蒙古萨满中流传着许多关于"保牧乐"的传说。"保牧乐"(又被称作宝木勒)是"天上下来的"意思。据说他是天帝的第五个儿子,又说他是天女与人间的一个男子生下的两个孩子的复合神,降落人间以后,化身成巨牛作祟。还说"保牧乐"是雷电所生,是萨满的始祖神,常在3、5、7、9的单数日子里显形显灵,还说他是长生天的坐骑,是花衣勃额的灵魂。

新疆蒙古族地区也流传着"保牧乐"的传说。传说有个叫赫布拉特的萨满巫师从天庭回来的时

候,偷了天帝的坐骑,又到积雪的白头山把天帝的牛杀掉,吃了牛肉,然后把牛皮割成一指宽的皮条,又用皮条把牛骨缠好,把它分给人间的百姓说:"这是保牧乐神,如果虔诚供奉,就会一年四季无病无灾,五畜兴旺"。赫布拉特不但自己先供起了保牧乐神,还影响了周边的蒙古人,大家普遍供奉起来。

现煮现吃的㲠羊肉

06

　　草原上的羊肉几乎就是自带调料的。牧民们祖祖辈辈流传下来的淡盐水煮肉的做法，就是草原羊肉烹饪的最佳方法。

　　讲完了羊的一些典故，我们就要说说真正让内蒙古的羊盛名在外的，就是那些各种以羊肉为主要食材的草原美食了。

　　古人造字时，将"鱼"和"羊"加在一起为"鲜"。鱼肉之鲜大家已经习以为常，如今，在中国的很多大城市都可以看到经销"内蒙古羊肉"的招牌。有的还具体到某一产地，如"锡林郭勒羊肉""苏尼特羊肉""乌珠穆沁羊肉""巴尔虎羊肉""阿拉善羊肉"等。

　　计划经济时期，羊肉来源有限，只能分配给信奉伊斯兰教的特定民族和少量特供对象，住在城市和内地的人大多不了解，很少食用羊肉。改革开放后羊肉来源多了，人们的消费水平高了，草原羊肉作为肉食珍品进了城市，过了长江，上了全国各地普通民众的餐桌。目前羊肉价格比鱼肉、禽肉、猪肉价格高出一两倍以上，仍然供不应求。市场上以次充好、假冒伪劣的欺诈行为也乘机泛滥，屡禁不止。因而，真切地了解原羊肉的真谛，不仅可以避免受骗上当，而且能真正享用到美味之独特。

　　氽羊肉的做法古已有之，氽羊肉比炖羊肉、涮羊肉要省火、省时，"氽"羊肉和"涮"羊肉的烹制作法基本相同，都是在滚

开的水锅中加入薄厚适宜的肉片，肉片表面的蛋白质迅速凝固成一层包膜，阻止内部的营养和汁水流失到汤水中。在旺火翻滚的开水中原本鲜红色的肉片很快泛出灰白浅红的颜色，这时拿来食用，既保存了羊肉原汁原味的鲜香味道，又没有造成肉质纤维老化。

用滚开的水对羊肉"汆"和"涮"，虽然原理相同，便利性却差别很大。汆羊肉可以在厨房制作，然后送到餐桌上食用，在家庭和集体食堂都可以很简便地烹制。而涮羊肉则必须在餐桌上架起火锅，食者自取、自涮、自用，用具和制作都要复杂得多。

编者特别熟悉的一位老大哥，就对他多年以前下乡的时候，路过苏尼特左旗的一个国营食堂里吃过的一次"汆羊肉"，印象十分深刻。当年的牧区由于交通不便，蔬菜种类很少，一般的食堂，大多只提供驼肉馅饼和氽羊肉这两样正餐。食堂的厨房极为简陋，两名炊事员围着大平锅不停地忙乎，每次只能烙上十来张馅饼，等饭厅里的客人们都吃上时也快一个多钟头了。相比之下，另一位专为每个客人做一碗氽羊肉的炊事员，却显得要悠闲得多。火红的炭火上放一口锅，放入半锅水和事先泡软的粉条，加一点盐和调料粉，不一会水就开了，这时加入切好的肉片，翻滚再烧开时，一锅氽羊肉就做好了，分盛到碗里，等肉饼烙熟后再一份一份地卖给客人。

老大哥也是北方地区长大的，对于羊肉并不陌生，记忆和认识里面，羊肉都要煮上很久，达到烂熟的程度才可以吃，像这样在开水锅里打个滚儿就捞出来的羊肉，不觉有些犯疑。买好饭以后他发现，氽羊肉的碗里清澈见底，因为没有任何蔬菜、酱色，只有几根粉条和几片羊肉混合在清汤里。肉片大约有一个硬币的厚度，在锅里加热不过两三分钟，拿筷子夹到嘴里一嚼，既不觉得老硬，也没有发现"生"的感觉，先前的疑惑完全消除，反倒觉得是平生吃过的最鲜美的几片羊肉。饭后继续行车，同行中有

一位在牧区生活多年的同事给他们解释说，苏尼特草原的草比较矮，但是草质有劲，沙葱、野韭菜多，所以这里的羊肉没有膻气，吃起来特香。虽然他们同行的伙伴们一再抱怨这里的服务态度的不是很好，饭菜的质量也不如从前，但对刚刚吃过的汆羊肉还是给予了一致好评。

这位老大哥还给编者讲述了他当年在牧区的生活经历，他大学毕业刚参加工作那年，被挂职分配在东乌珠穆沁旗的一个公社。入冬前公社给生产大队下文件，为每一位挂职大学生干部分配冬储肉。大队领导批给他的条子是2只大羊，3只羔羊。

漫长的冬春过去，分配给他的5只羊在牧区的迎来送往中不知不觉的消耗殆尽，他在羊肉的煮食过程中发现，羔羊肉即使切得肉块大一些，与面条、土豆、白菜等各种原料同时下锅，也总是羊肉先熟。不需任何调料，只要加点盐，羔羊肉总是保持鲜嫩可口，大羊虽然剔下来的肉多一些，但筋多、纤维粗，"开锅即食"的鲜嫩风味也就差一些。

于是他渐渐地明白了一个道理：草原上的羊肉几乎就是自带调料的。牧民们祖祖辈辈流传下来的淡盐水煮肉的做法，就是草原羊肉烹饪的最佳方法。至今，在他的家里，只要是用到草原羊肉，无论是汆汤、炖菜，还是煮面条，他一直坚持在牧区建立起来的信条：只加少许的盐，至多再加点儿姜、葱，绝不添加任何干扰羊肉风味的调味料。

据说光绪年间，北京"东来顺"羊肉馆的老掌柜买通了太监，从宫中偷出了"涮羊肉"的佐料配方，使这道美食传至民间，在各大饭馆出售为普通百姓享用。

冬天里的涮羊肉，是居住在北方地区的人们最为喜爱的食物之一，现如今在南方地区也是火得不得了，那么中国在什么时候开始有了涮羊肉呢？目前有两种说法：一是在南北朝时期，出现了铜制火锅，"既薄且轻，易于熟食"，"为岁寒时最普通之美味，于羊肉馆食之"。二是在蒙元时期，传说蒙古大军在建立欧亚草原帝国的过程中，遇到战时时间紧迫，将羊肉片在滚开的水中涮一下即食，后来成为宫廷食品。以上两种说法是不是涮羊肉的来历，无从得知。从考古资料看，内蒙古赤峰市敖汉旗出土的辽早期壁画中，描述了一千一百年前契丹人吃涮羊肉的情景：三个契丹人围火锅而坐。有的正用筷子在锅中涮羊肉，火锅前的方桌上

有盛着羊肉的铁桶和盛着配料的盘子。这是目前所知描绘涮羊肉的最早资料。南宋人林洪在其所著《山家清供》中也涉及涮羊肉。他原本是对所吃"涮兔肉"极为赞美，不仅详细记载兔肉的涮法、调料的种类，还写诗加以形容，诗曰："浪涌晴江雪，风翻照彩霞"。这是由于兔肉片在热汤中的色泽如晚霞一般，故有此诗句。林洪也因此将"涮兔肉"命名为"拨霞供"。还需注意的是，他在讲完涮兔肉后又说"猪、羊皆可"，想来或许这是"涮羊肉"的最早文字记载。按照林洪的记载，当时是把肉切成薄片后，先用酒、酱、辣椒浸泡，使肉入味，然后在沸水中烫熟，这同今天的涮法还有些不一样。

目前关于"涮羊肉"历史渊源一般讲的是辽、宋时期，不过也有学者认为，人们吃"涮羊肉"和火锅的出现应该是同时代的，只是最初没有什么调料可言。后人相传元世祖忽必烈御驾南征时，在一次激战过后体虚无力、人困马乏、饥肠辘辘。于是喝令大军止步于山林之中杀羊烧火，以解饥渴。正值此时忽有探马来报，敌军大队人马循踪而至，距此地不足十里。世祖闻之大惊，诏令元军立时开拔，当值御厨见情势危急，烘烤羊肉已然不及，急中

生智，立时将羊肉切成薄片，置于沸水清锅中搅拌，待肉色一变即捞于碗中，佐以盐、葱花、姜末等入味，恭请世祖品鉴。忽必烈食后神清气爽、龙颜大悦，遂率部迎敌，此战大破敌军而名动天下。战后犒赏三军，世祖钦点战前所食之羊肉薄片。御厨为此效仿上法精细而作，并配以腐乳、辣椒等多味佐料。三军将士食后赞不绝口，世祖当即赐名"涮羊肉"。"涮羊肉"的铜锅，把锅子盖上的时候，看到的是一个完整的蒙古包，而锅子盖拿掉，看到的是蒙古骑兵的军盔。现在有些地方蒙古族姑娘的帽子，大多是锅子的形状。据说《马可·波罗游记》里写到，他在元大都皇宫里吃到了蒙古火锅，所以英文、法文对涮羊肉的翻译就是"Mongolia"。

也有人考证说历史上"涮羊肉"的真正发明者是拔都。成吉思汗大儿子是术赤，拔都是术赤的儿子。在西部汗国成立之时，拔都接替了术赤的权力，指挥蒙古铁骑进入欧洲。蒙古铁骑很强悍，但是吃粮食不扛饿，所以要大量吃肉。蒙古士兵一般是大块煮羊肉吃。拔都发现大块煮肉慢，他要求蒙古士兵把肉切薄了煮，

然后蘸盐吃，这样的吃法很适合行军打仗。

　　还有一种说法，认为涮羊肉又称"羊肉火锅"，始于清初。有明确记载的是到了清朝之后，经过康熙、乾隆时期加以严格规范，奠定了传统涮羊肉的材料、工艺和食用方法的基础。在18世纪，康熙、乾隆二帝举办过几次规模宏大的"千叟宴"，其中就有羊肉火锅，后流传至市肆，由清真餐馆经营。《旧都百话》云："羊肉锅子，为岁寒时，元世祖忽必烈最普通之美味，须于羊肉馆食之。此等吃法，乃北方游牧遗风加以研究进化，而成为特别风味。"

　　据说光绪年间，北京"东来顺"羊肉馆的老掌柜买通了太监，从宫中偷出了"涮羊肉"的佐料配方，使这道美食传至民间，得以在都市名菜馆出售，为普通百姓享用。

　　1854年，北京前门外正阳楼开业，开创了汉民餐馆出售"涮羊肉"的先河。其切出的肉是"片薄如纸，无一不完整"，使这一美味更加驰名。1903年，"东来顺"建馆时，请来名师操作，正式将宫廷食品推向民间。1914年，北京东来顺羊肉馆重金礼聘正阳楼的切肉师傅，专营"涮羊肉"。历经数十年，从羊肉的选择到切肉的技术，从调味品的配制到火锅的改良，都进行了研究，

赢得了"涮肉何处好，东来顺最佳"的美誉。但是"涮羊肉"走向大众是在改革开放之后，不仅东来顺老字号在北京和全国各地开设分店，其他品牌的涮羊肉饭店也在大量涌现。

当前在各种肉类中，大家认为草原羊肉最为安全，而且更有利于健康。《本草纲目》记载："羊肉有益精气、疗虚劳、补肺肾气、养心肺、解热毒、润皮肤之效"。唐代虚诜的《本草食疗》中，也记载"凡味与羊肉同煮，皆可补也"。

近年来，由涮羊肉引领的羊肉消费热潮一直在升温，对提高大众的膳食水平具有重大作用。工厂化、标准化生产的肉片、调料，对助推这一热潮功不可没。但是，要想体验地道的羊肉风味，还是要沿用个性化的方法。比如，肉片不是越薄越好，而是薄厚适宜，这样才能达到既可快熟，又能保持鲜嫩多汁的口感的目的。

羔羊肉可以切厚一点的肉片，成年羊肉可以切得薄一点。再如精选的涮羊肉片取自特定的几个部位肉块，因而"东来顺"的传统做法是将整羊胴体由厨师亲自剔骨，以保持优质肉块的完整性。而且肉片要顺纹切，以利于尽量保留多汁性，避免吃起来觉得发糙发干。还有要坚持一片一涮，把成熟度、鲜嫩度、多汁性、营养性保持到最佳状态。如果变成"大锅煮"，不仅肉片老化或夹生，而且肉内的营养和汁水都会流失到汤里。还有，调料可根据个人喜好调制，但不可太浓厚、辛辣，以防压抑住芝麻酱的炒香味和羊肉的鲜香味，这两种主味不显，涮羊肉的风味就会大打折扣。

08

上档次的手把肉

多年来似乎已形成这样一种概念，到草原观光旅游，不吃上一顿"手把肉"，就好似没有完全领略到草原食俗风味和情趣，实虚此行。

随着羊肉在全国热销，草原羊肉品牌被越来越多的消费者熟知，手把肉在都市里也成为日常食谱和宴会菜单上的重要选项。经常有人问：手把肉是什么样的？什么样的手把肉最香？可见手把肉在盛名之下食客们的疑惑还是不少的。

计划经济时期，所有物资都要按计划分配，牧民们每年吃几只羊也要由生产队规定指标。改革开放以后，牲畜承包到户，不再统一吃"大锅饭"，宰羊吃肉的差距就拉得非常大了。在牧区生活过的朋友描述过，见过一个10口之家的牧民，每年食用5—8只周岁羯羊、两头3岁犍牛，两三天就有一餐手把肉。但是也

有少畜户、无畜户只有在亲戚朋友赠送时才偶尔吃到一次手把肉大餐。"手把肉"在蒙古语中称"布和力麻哈",是蒙餐品种中煮带骨羊肉的通俗称谓。蒙古语中这一食用方法的名称译过来,只是简单的"煮羊肉",丝毫没有"手"和"把"的意思。羊、牛、马、骆驼等牲畜及狍、兽类的肉均可烹制手把肉吃,但通常所讲的手把肉多指手把羊肉,是蒙古、鄂温克、达斡尔、鄂伦春等游牧狩猎民族千百年来的传统食品。现在冠以这一名称的美食吸引着越来越多的食客,在内蒙古已成为民族风味餐饮宴请宾客的首选。食客们根据食用时一只手抓住骨头,另一只手持刀削肉的特点,久而久之约定俗成,以大众化的手把肉冠名。

多年来似乎已形成这样一种概念，到草原观光旅游，不吃上一顿手把肉，就好似没有完全领略到草原食俗风味和情趣，实虚此行；而牧民们不用手把肉招待客人，就仿佛不能完全表达自己的心意。因此，用手把羊肉款待远方客人，在蒙古族中几乎已成为一种规矩。

手把肉的制作和吃法别具一格。近代民俗资料《蒙旗概观》中云："食肉在半熟略熟之际，即刀割而食。蒙古人通常食量颇巨，每日饮茶十数碗，餐肉十数斤，饥甚颇有食全羊之事，然偶值三、五日不食，亦无关也"。

这种牧业民族的传统吃法可以追溯到古代。明《夷俗记·食用》中云："其肉类皆半熟，以半熟者耐饥且养人也"。用现代营养学观点看来，煮至半熟，可以尽可能保存动物从青草中吸收的维生素及其他营养成分。

牧民们认为牛和羊吃着草原上的五香草，调味齐全，只要掌握清煮技术，就能做出美味爽口的肉来。手把肉是手把着吃，不用餐具。但按照蒙古族习俗，吃手把肉有一定的规矩，较多见的就是用一条琵琶骨肉配四条长肋肉进餐。牛肉则用一只脊椎骨肉配半截肋及小段肥肠敬客。

通常手把肉以在平原草场上放牧的、经常吃野韭、野葱的小口羯羊，肉味最为鲜美。将全羊带骨制成数十块，放入白水锅内，煮得不能太老，不加任何调料，只加少许盐和乳酪。用大火保持原汁原味，适当控制火候。只要肉一变色，用刀割开，肉里微有血丝即捞出，装盘上席。大家围坐一起，一手握刀，一手拿肉，用刀割、卡、挖、剔。手把肉鲜而不膻，肥而不腻。这是牧民的常用食法。

如今在城市的宾馆餐厅、饭店，会用

芝麻酱、香油、韭菜花、辣椒油、腐乳汁、青酱油等做成调味料，装入碗中，采用割肉蘸调味料，这种草原、城市结合起来的手把羊肉的食法也颇具风味。如果你头一次在餐桌上看到人们（包括自己）用刀割下自己看中的羊肉，用手一块块送入口中的时候，除了感到肉的鲜嫩味美，还会感到新奇有趣。

最能体现手把肉制作特点和鲜美风味的是现宰羊，现煮肉，现食用。熟练的牧民宰羊只要 15 分钟左右，煮肉 20—30 分钟，羊肉现宰现煮有点像沿海地区"生猛海鲜"。据研究，肉类中具有香气和滋味的物质有 1000 多种。羊在草原上自由自在地采食百草，特别是吸收的葱类、椒类等带辛辣味牧草的有效成分，刚刚屠宰后在体内尚未分解，煮肉时只用白水加少许盐，相当于自带了调和得最为完美的天然调料。分解骨头时必须按骨缝分开，没有一点儿骨渣，每块骨头附着的肌肉完整地结合在一起，外边的筋膜也没有被破坏，煮肉时因绝大部分肌肉内的营养成分和汁水不会外泄流失，食用起来最大限度地保留了羊肉的原汁原味。煮肉的火候要猛，但时间不可过长。肉纤维在加热过程中的变化是先凝固，再变硬，然后分解软化。最佳火候是在外皮稍有硬化，内里刚刚凝固阶段，食用时味道和多汁性最好。而且不觉得肉质老，如果到了软化阶段，即是平常说的"煮烂了"，肉味就会流失，这时只好借助调料来制造香味儿了。这是煮手把肉的大忌。有不少食客体验到在割开肉块深部时能看到血丝，这使得味道最为鲜美，嫩度也最佳，很有点西餐里牛排几分熟最意思。

　　现在，手把肉已不单是蒙古族的一种传统饮食了，在外地人眼里，手把肉还是蒙古人豪爽的象征，当你置身蒙古包内，身穿盛装的蒙古族姑娘向你唱起敬酒歌，然后用蒙古刀割一块鲜嫩味美的手把肉放进嘴里，鲜肉加美酒，轻舞伴歌声，使人不由自主和歌者一起唱起："金杯银杯斟满酒，双手举过头，炒米奶酒手把肉，今天喝个够……"

高大上的烤全羊

09

内蒙古的烤全羊是一款美味大餐，更重要的是吃烤全羊时的仪式，充分体现了蒙古族的风俗和文化特点，那就是热闹、红火、庄重和好客。

烤全羊，是由阿拉善盟的蒙古族王爷在传统烤羊肉的基础上，吸收北京烤鸭的制作方法，历经200多年逐步完善而成，供宫廷宴饮专用，现在已成为内蒙古各地最高等级的宴会礼仪食品。

和云南、新疆等地烤全羊相比，内蒙古烤全羊更有独特之处。

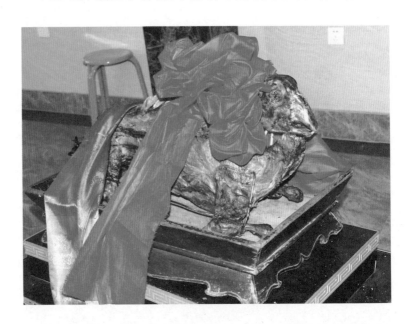

首先，内蒙古烤全羊是带皮烤制，外酥里嫩，香而不腻，味道鲜美。其次，内蒙古烤全羊烘烤一般不接触明火。烤全羊时要选择膘肥体壮的 1—2 周岁的绵羊做原料，制作出来的烤全羊是公认的味道最美的，肉不仅嫩而且营养价值高，嚼在嘴里满口香，用较老的羊做材料是不适合的。近些年来，内蒙古推行小尾寒羊与大尾羊（乌珠穆沁大尾羊、阿勒泰大尾羊）进行杂交，肉质肥瘦适宜（小尾寒羊肉质瘦，大尾羊肉质肥，杂交后肥瘦合适），是制作烤羊肉的好原料。

烤全羊对用料、配料、工序、燃料、火候都有特殊要求：原料必须选 1—2 岁的绵羊，大小适中，肥瘦相宜，以期烤出的肉品鲜嫩、醇香、无腥膻味。整羊不剥皮，煺毛整理后带皮烤。胸腹腔去脏器放入调料，利用羊肉的汁水烹熟，把鲜香味全部保留在肉脂间。必须砌筑专用烤炉，利用当地的灌木梭梭木把炉膛烧

红后熄火，充满木香味，利用炉壁的热量使羊体慢慢熟化，通常
需三四个小时。烤制完毕后以最短的时间完成客人观赏、司仪赞
颂、主宾祭酒等程序，以便能趁热品尝，不失原味。迅速分解后
按次序送上皮、肉、骨、饼、汤等食品，供宾客品尝。烤制好的
外皮干而脆，肉香和梭梭木的烤香味最为浓郁，要趁热食用。放
置时间太长，就会吸水返潮而变得坚韧，不易咀嚼。烤全羊可以
使羊肉香味在封闭的状态下完全保留，又加上调料和梭梭木的烤
香味，风味奇特，烤过的羊肉加葱丝卷饼，则借用了北京烤鸭的
吃法，可以互相媲美，烤羊汤调配传统的蒙古面条，更是别有风味。

　　烤全羊在旧时只供蒙古贵族享用，是上层人士在逢年过节、
庆祝寿辰、喜事来临时招待尊贵客人的珍馐佳肴，一般牧民根本
吃不到。如今，随着旅游业、交通业、商业的发展，人们的交往
更加便捷，烤全羊已成为内蒙古人民招待外宾和贵客的传统名肴，
已成为内蒙古草原饮食文化中一颗璀璨的明珠。

内蒙古的烤全羊之所以是最正宗也是味道最香的，是由于蒙古人杀羊和烤羊的方法不一样。蒙古人特别爱惜自己的牲畜，所以在杀羊的时候不愿意看到自己的羊儿那么痛苦，总结了一套好办法，第一个特点就是杀羊速度快。在一些地区制作烤全羊之前，要让羊吃下大量的草药和调味汤料，然后让小羊急速奔跑十来分钟，让味道和营养先渗透到血液和肉质当中。然后在羊的嘴上抹上黄油，让羊儿双眼望着苍天，意思是希望羊儿的灵魂能升天。杀羊的时候要在羊的腹部开一个10厘米的小口，然后把手伸到羊的胸腔里面用食指拨断大动脉，让羊的血液流到腹腔里面，这样做的目的，既不污染环境，又能让血液进一步滋养羊肉；第二个特点是扒皮速度快，而且不用刀，过去是用指甲，用指甲一划皮和肉就分开了，现在为了讲究卫生，就改为用刀，一分钟的工

夫从头到脚皮就下来了。把内脏掏出来后再把羊洗涮干净后，要在羊的全身涂满调料，在羊的腹腔里填满各种调味料和十多种中药。最后把羊放在一个密闭的烤炉里。烤羊的时候，用铁板把炉口堵住，燃烧梭梭，使里面的温度高达120℃。等烤炉的温度下降到80℃左右时，要将炉里的羊脖子稍向下倾斜，使上面的油掉下来以后，可以落到下面盛有一半水的盆子里，不致掉到火上激起满炉的油烟。最后，在灶火上面的口子上，扣上一个大铜锅，锅沿上的缝隙要用泥巴封闭。烤上半小时以后，要检查一下火和温度，适当地加一些梭梭木炭，使温度保持在一定范围。如此这般，大一些的羊烤四个钟头，小一些的羊烤三个半钟头就行了。

把烤好的羊拿出来，使其四肢站立，放在大盘子里。向客人亮相以后，再拿回厨房，把带皮的肉切开，放在盘子里，与酱和

葱一起放到宴席上，然后把里脊上的瘦肉切下来，放在盘里端上去。最后把带骨头的肉端上去，这样才能上饭。

内蒙古的烤全羊是一款美味大餐，更重要的是吃烤全羊时的仪式，充分体现了蒙古族的风俗和文化特点，那就是热闹、红火、庄重和好客。在草原上吃烤全羊，是一件相当有面子的事情，而且将原来的仪式加以改进，增加了娱乐性和趣味性。

仪式开始前，宾客围坐在蒙古餐包里，好多身穿华丽蒙古袍的优秀蒙古族歌手会手捧哈达，右手端着银碗站在贵宾的周围。接着有两个蒙古族壮小伙用一只大木盘子把烤全羊端到客人的面前。烤全羊的样子非常漂亮，而且让人看了就特别有食欲。羊跪在木盘子里，全身通红透亮，头微微仰起，头顶蓝色的哈达，因为蓝色哈达代表天空，是蒙古族最高礼仪的表达。在羊的嘴里还衔着羊儿最爱吃的一捆沙葱，神态逼真地展现在贵宾面前。身着民族服装的礼仪小姐，双手捧着哈达，唱着甜美的祝酒歌，敬献哈达并用银碗向尊贵的客人敬酒，歌声不停，敬酒不断。一银碗酒有一两多，而且必须喝完，如果不想多喝一定要等唱完歌再干杯，否则还会倒酒。

喝酒时也是有礼仪讲究的。接酒时要左手捧杯，用右手的无名指蘸一滴酒弹向头上方，表示祭天；第二滴酒弹向地，表示祭地；第三滴酒弹向额头，表示祭祖先，随后就把酒一饮而尽。然后要进行一个烤全羊的仪式。

　　首先，由一位就餐者中年龄较大，资历最深的老者充当王爷，由"王爷"给烤全羊剪彩，剪彩过后由制作烤全羊的一位主厨，还有两位身着蒙古族盛装的少数民族歌手演唱一首颂歌，蒙古族长调民歌，高亢而悠长，内容是为死去的羊超脱和祝福。颂歌过后，主厨将全羊身上最肥的一块肉割下拿到户外敬天，蒙古族是一个崇尚自然的民族，他们认为苍天是世界万物的主宰，赐给了我们肥壮的牛羊，所以要把羊身上最肥的肉献给老天爷，然后割一块最好吃的肉给"王爷"后进行蒙古族烤全羊的分餐仪式，技艺娴熟的主厨将一只全羊游刃有余地平均分割到十几个盘子上，视客人身份依次奉递，最后把带骨头的肉端上去，接着才能上饭。这便是烤全羊待客的全过程。

故事链接：

阿拉善的烤全羊

相传，清代共有 12 位京城的格格嫁到草原汗王之家，有一年阿拉善盟的汗王娶得了一位美丽的格格为妻，将其视为珍宝，自然是要什么给什么。

这一天，格格说要吃烤鸭子，这可难坏了汗王的厨师，因为阿拉善是内蒙古的半草原半沙漠的干旱地区，不用说水鸭子，就是旱鸭子也很难找到，可是如果做烤鸭子会引来大祸。聪明的厨师急中生智，找来一只二岁的小绵羊，按照烤鸭子的方法制作。

首先，进行宰杀，然后仿照烤鸭子去毛的方法将小绵羊在热水锅中浸烫，再去掉羊毛，接着在羊腹下开一小口取出羊内脏，最后又仿照做烤鸭子的方法给羊皮刷调料，上色，为了保持全羊的形态，聪明的厨师还仿照烤鸭炉搭了一个大烤炉，选用阿拉善盟独有的梭梭木点火。

梭梭是沙漠上骆驼最爱吃的一种植物，它不但火力强盛而且有一种独到的香味。小绵羊挂在烤炉中经过四个小时的烤制，全身色泽枣红油亮，形态完整惹人喜爱，王爷与爱妻见之大喜，食之羊皮酥脆，用荷叶饼配上葱丝、甜面酱卷食羊肉，香醇之极，喝其羊杂汤香辣可口，王爷当即下令给厨师以重赏。

经过多年的各民族之间烹饪技艺的相互交融，烤全羊日臻完善，无论其制作工艺，还是食用烤全羊时的民俗礼仪，都有了约定的习俗，最终成为蒙古族在重大节日筵宴和婚礼庆典上的第一美馔，成为草原人们款待远方朋友不可缺少的第一大菜。

10

礼献整羊时，通常安排专人献祝词。祝诵前，要向祝颂人敬酒一杯。祝颂人用无名指蘸酒弹酹，然后举杯祝辞。

草原上传统的烤全羊共有三大席面，分为"整牛、珠玛、整羊"三种，主要取其完整、齐全之意。

礼献整牛：除了祭祀牺牲，一般只取牛的某一部位，比如说，为65岁以上老年人祝寿，仅象征性地献上"牛乌查"（蒙古族叫乌古查，即牛羊软肋脊肉）。

珠玛：又分为立式珠玛，也就是最讲究的整羊，特点是燎毛、

带皮、烤制。

　　整羊席：不像珠玛那样精制，特点是去皮、煮制。礼献整羊也像献整牛一样，根据不同需要和对象，采取不同方式。有时献上完整的羊肉，有时献羊的某一部分。春节时招待亲朋好友和贵宾时，把熟羊头放在大方木盘中间，周围摆满各种奶食品和点心端上，是隆重礼仪。

　　整牛、整羊、珠玛的加工方法，各地不尽一致，但必须保证食品的完整，避免损坏皮肉。

　　整羊的摆法：羊头必须向着主宾。在宴会上用整羊招待客人时，一般要唱赞歌敬酒三巡，当宾客们开始唱歌时，再斟一杯酒，念诵敬献整羊的祝辞。专门向执刀割肉、招待客人的人敬酒一杯，主人请席间长者先动刀。长者接过蒙古刀，在羊头的前额划个"十"字，从羊的脑后、嘴角两边、两个耳朵、两个眼眶、脖颈、硬腭上割下几块肉，再把羊头转向主宾。主宾端起羊头回赠主人。主人端过一个空盘，接过羊头和长者割下的部位肉，摆在佛龛前敬

佛,接着用专用的蒙古刀,从羊乌查的右侧、左侧切出长条薄片,左右交换放置。割羊乌查前半部时,刀刃向外。如此切割三次,分节卸下其他骨头(过席的羊乌查只能切一刀),由阳面转圈后,退回去放入肉汤里加热,然后上桌进餐。退下整羊后,上肉汤。礼献整羊时,通常安排专人献祝词。祝诵前,要向祝颂人敬酒一杯。祝颂人用无名指蘸酒弹酹,然后举杯祝辞。祝颂辞的姿势:老年人坐着,中年人单腿跪着,年轻人站着。祝辞内容因人、因事、因地区不同而异。比如有一则祝辞唱道:

"博格多成吉思可汗,

迎娶容光焕发,

花容月貌的孛尔贴只斤夫人。

宰一只花脸的羯绵羊,

装在水晶盘里招待贵宾,

是成吉思汗定下的礼制,

是蒙古人待客的传统。

　　《蒙古族风俗志》记载："全羊七十六菜，每菜都不露'羊'字。如以羊眼睛做的菜名叫'烩凤髓'，以羊百叶做的菜名叫'素菊花'，以蹄筋、骨髓合烧的菜名为'蜜汁髓筋'；以不同部位的羊肉做成的菜有各种名称，如'樱桃红腐''清炖百合''酥烧枇杷''锅烧腐竹''五香兰肘'等，还有'吉祥如意''满堂五福'等吉祥菜名"。

　　以羊制席起于元宫廷，至清又有所发展，清人袁枚撰写的《随园食单》有"全羊法"72种的记载。至"中华民国"初年，"全羊席"的菜单，已包括28道菜。如果说，这是中国饮食文化登峰造极的重要标志，那么，草原上的蒙古民族为之做出了突出的贡献。

高明满座献朮斯

11

献珠玛术斯的礼节跟一般术斯不同，它要作为一个完整的牲畜放在盘子里，像活着的时候一样站着（或卧着）。

"在大伙欢聚／全体集中／有缘相逢／吉祥美好的时辰／在阴山之阳／以黄河为饮的万头白色绵羊所生的第一只羔羊／海螺似的雪白／肉球似的肥胖／扁平的前胸／宽阔的腰身／拖不动的肥尾／无杂色的白毛／挖挲的耳朵／岩羊的犄角／蓝色的眼睛／分瓣的四脚／鼠年所生／牛年所长／虎年作汤／老妪捉不住／小孩追不上／将这宝贝似的绵羯／宰杀做成全羊／放进有福的锅里／烧火将它煮上／按照古老的礼仪／献到檀木桌上"

这是一段《礼献全羊》祝词。蒙古人自古以来就有吃术斯、喝奶酒和给远征之人携带绵羊羔、熟肉条的习惯。《蒙古秘史》就记载着成吉思汗用全羊祭天或在喜宴上待客的风俗。据记载，1260 年，忽必烈可汗登基坐殿时，专门建造了几座大型的白色蒙古包。设大宴，用全羊术斯招待来宾和祭神，从那个时候起定下了这个礼制。过去除了祭敖包、祭神佛、供奉成吉思汗和那达慕大会时向王爷、活佛喇嘛们放全羊术斯以外，普通人还享受不了这种待遇，如今已然成了草原上待客的最高礼节。起初，每当招待贵宾、祭祖祭神、举行盛会之时，主持人按照等级、礼仪，郑重献上全羊术斯或珠玛术斯。以后仪式愈发隆重，发展到用全牛

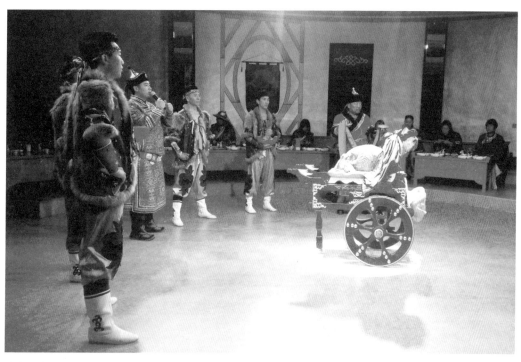

术斯祭祀或招待贵宾。

　　"术斯"一般译为五叉、羊背子、全羊都不甚确切。"术斯"的种类因地域而分法不同，主要分为以下数种：珠玛术斯也叫珠鲁玛术斯，是术斯中的特殊品种，根据做法、摆法和原料不同，可分为裸珠玛、烤珠玛、站式珠玛、卧式珠玛、绵羊珠玛、山羊珠玛等。

　　珠玛术斯跟一般术斯不同的地方，在于除了肠、肚、内脏，其他的部分都可食用。杀羊以后，剥下皮子（也有燎毛的），把内脏、肠、肚掏出来，直接下锅去煮，这就是珠玛术斯。在供奉成吉思汗、祭敖包和寺庙祭奠时都要用它。参见皇帝或者给皇帝敬贡都要献珠玛术斯。鄂尔多斯黄金家族的王爷，就给清朝皇帝献过珠玛术斯。各旗王爷筹办喜庆宴会也要用它。达尔扈特人新郎娶亲的时候，也要带上珠玛术斯去岳父家，把它放在禄马跟前。普通百姓

和一般台吉是不能食用珠玛术斯的。

献珠玛术斯的礼节跟一般术斯不同，它要作为一个完整的牲畜放在盘子里，像活着的时候一样站着（或卧着），烤珠玛术斯的献法跟珠玛术斯一样，只是不剥皮子，放在火上烤熟就成。烤的方法跟烤术斯一样。

烤术斯：烤术斯在各类术斯中算是高等的，把它献给尊贵的客人。烤术斯分为直接烤术斯和煮熟烤术斯两种。

直接烤术斯：把食盐等需要的调料撒到全羊里面，以一定的距离吊在木炭火上，翻来覆去地烘烤。烤时要特别注意不要染上灰尘，不要窜进烟去。有的地方在大铁锅里放一个篦子，把术斯放到篦子上面，下面用猛火适当地烤。铁锅烧红以后，利用它的热量把肉煮熟。这样烤成的术斯，味道比直接放在火上烤的要差

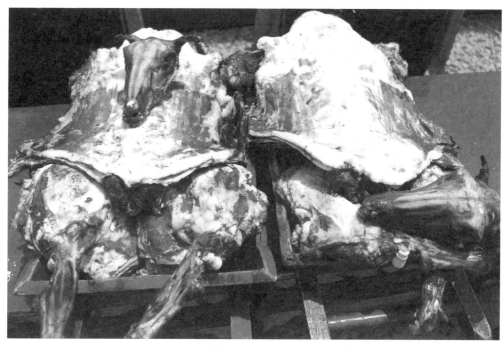

一些。

　　煮熟烤术斯：是先把术斯煮熟，再放在火上烤干。这种方式比直接烤术斯来得迅速和简便，但味道不及后者。

　　全羊术斯：即平常人们所说的五叉或羊背子，将绵羊宰杀剥皮后，按照头、脖子、胸椎、腰椎、四肢、五叉、胸茬等部位卸开。能进入术斯的部分是：肩胛两块、前臂骨(哈日图)两块、桡骨两块、胫骨两块、髋骨两块、股骨两块，共十二部位。骶骨、脊椎、胸椎共六节椎体进入术斯。脊椎两侧的二十根肋骨、腰侧的六根肋骨共二十六根肋骨都要进入术斯。胸椎的第一节叫黑胸椎，不能进入术斯。脖颈除了婚礼，别的术斯也不进入。进入术斯的羊头没有下颌骨。解剖以后是这样区分的，煮的时候各个部位都是整煮的。

　　在大锅里倒进冷水，将术斯的各个部位分成六七件整放进去，放进适量的盐或少量查嘎（奶沫的下面的部分，制作奶酒的原料，味酸）用温火慢煮。频频翻动，什么时候不生了（不能煮得太烂），捞出来放到盘子里。肠肚、内脏、肝、肾等都要用别锅另煮，否则杂碎的味道就会钻进肉里，使肉不香汤不美。羊头更不能煮在一起。

半羊术斯：如客人不多，用不着摆一只全羊，用半羊术斯即可。半羊术斯包括左前腿、右后腿、五叉、胸椎和头。煮法与献法同全羊术斯无异。

截羊术斯：由左前腿、右后腿、胸椎和头组成。也是在人少的情况下摆放的，意义与全羊术斯相同。

肩胛术斯：由左前腿、胸椎和头组成，也叫前腿术斯。

胸茬术斯：只由一个胸茬骨组成。据说是给专给女性摆的。出嫁的姑娘回门的时候，父母要给女儿摆胸茬术斯。别类"术斯"中不用胸茬。

羊头术斯：带下颌骨的绵羊头，可以代替整个绵羊术斯使用，这是一种祭祀敖包、翁衮、苏勒德等神物用的简化了的术斯。比如正月初一向玉皇大帝或向成吉思汗献的术斯就是羊头术斯。将煮好的羊头放在一盘饼子上，上面再配上黄油、红枣、果品之类，作为供物奉祭。有的

人家还把这份供物和饼子并排放在一起，在大年初一让前来拜年的人品尝。

牛哈图：在盘子里摆上绵羊的四肢，上面放上牛鼻翼，再把羊头放在最上面，卸开以后，上面还可以加些零煮的牛肉。

礼献全牛术斯：除了祭祀，一般席面上用全牛的某一部分，比如说为 85 岁以上的老年人祝寿，仅象征性地献上牛乌查（即牛羊软肋以下肋脊肉），向贵宾献珠玛时，在四只蹄子上镶银，前额上挂银制的图案的铭牌。这是招待客人的头等席。

吃术斯的时候，不能直接用嘴来啃，一般是用刀子割食，或用手撕上送到嘴里。

礼献全羊术斯，属于十分隆重的礼献仪式。

献术斯要用专门的盘子．这种盘子用柳木或榆木制成，长方形，里面正好放一只仿佛卧着的绵羊的肉。往盘里摆术斯的时候，先把两条前腿分左右放好，肋骨朝里扣着摆放，桡骨朝里弯曲。两条后腿分左右摆在两条前腿的后面，把胫骨提起朝里弯曲。将胸椎朝前放在两条前腿中间，将五叉的脊椎面朝前倒扣，上面把

羊头朝前放上。羊额头上要画一个月牙形。在摆放术斯期间，要由总管(婚宴)或主人(家宴)让来宾品尝鲜奶，并给他们唱歌敬酒：

　　金杯里的美酒芳香流溢，赛啦尔白咚赛，朋友们哟，

　　让我们在一起娱乐欢聚，嗨，赛啦尔白咚赛。

　　绵羊的五叉摆上桌来，赛啦尔白咚赛，亲家哟，

　　让我们在一起同餐共聚，嗨，赛啦尔白咚赛……

　　在激动人心的歌声中，"解羊者"(即分割羊肉的侍者)高举木盘而入，恭恭敬敬放在主婚人或正面的最长者面前，羊头要冲着客人："扎，大家请用术斯"！随后行一个屈膝礼。从术斯的各个部位，象征性地割取少许，沾上一点儿酒放在杯子里，高举着走到门外，将杯里的酒肉泼散出去，高声喊道："德吉献到了"！屋里的人接着他的话音喊道："献到了"！于是"解羊者"转身回到屋里，又像刚才那样割取少许向火里泼洒一番。从胸椎上割取少量的肉，放在羊额头上，用右手拇指轻轻压住，从正面的最长者开始，象征性地让大家品尝一下，这个礼节叫尝份子。

尝过份子以后，"解羊者"把木盘顺时针转过来，使羊头冲着自己。再将羊头和胸椎放在盘子的一侧，用麻利的动作把术斯卸成便于食用的小块。其做法是，把左面的胫骨卸开，将肥尾从末梢开始割取三或五节，献到成吉思汗像或佛像面前，这叫作佛爷的口福。尔后把四根大肋和肩胛、胸椎等分出来给主人留下，这叫主人的口福。因为有时人多，主人忙于招待大家，来不及自己吃喝，而术斯又是珍贵的食品，所以一定要给主人留一份。接着从五叉开始，将一个脊椎卸开，刀刃朝里，把左腰侧卸开，带肉分成四块，放到左边。而后将刀朝上，刀刃向着自己，把右面腰侧卸开，也是四块，放在右边。接着从左边开始，向左边转边卸，把所有的关节都卸开，很快按既定的规矩摆好，大体上像一只羊卧在盘子

里。肩胛要胛峰朝上，肩胛盂朝客人中的最长者放置。髋骨平的一面朝着最长者。股骨转子要朝着最长者，胫骨的踝侧向着最长者（踝骨的马面朝上）。胸椎一般不卸，脖颈的一侧向着最长者。肋骨的面侧朝上放置，肋骨头一侧朝向最长者。

　　如此卸开摆好以后，"解羊者"将所有蒙古刀放在盘子两侧的桌子上（柄朝客人，刃朝自己），将羊头跟原来一样放上去，将木盘翻转过去，使羊头冲着客人。这样准备好以后，"解羊者"要面朝正面的最长者跪下，或者双手一摊，头一点，说声"扎，请用术斯"！倒退着走了出去（始终面朝宴席）。这时最长者先把羊头放到一边，说一声"大家用膳"，于是在座的所有宾客，就可以按自己的喜好，自由地从木盘里拿上肉来吃了。

　　术斯上面的羊头不能啃。五叉的其他关节卸开以后也不吃。吃术斯的时候，不能直接用嘴来啃，一般是用刀子割食，或用手撕上送到嘴里。可以吃不了放回盘里，却不能把骨头上的肉全部啃尽，露出森森白骨，否则便是侮辱主人。

　　吃过术斯以后，要把术斯撤下去。撤的时候，仍由"解羊者"来完成。他进来以后，要面对最长者，行屈膝礼说道："大家请

用术斯"！如果从最长者开始，大家一齐回答："用过了"！就可以把木盘端下去。如果某个人还在吃肉，或最长者默而不答，那就表示没有吃好，木盘还不能撤下去。撤时要从最长者头上开始，把木盘顺时针转一下，面朝客人倒退着走出去。

术斯撤走以后，来客一定要吃主人的汤饭，不吃汤饭就等于没吃术斯。汤饭就是在煮术斯的汤中，加入大米、糜米，跟查嘎一起煮成的稀饭。这种稀饭称为蒙古饭，大家在观念上看得很重。来宾不吃也要尝一尝，否则就按失礼对待。

主人端着术斯走进来的时候，要将羊头的面朝着坐在正中央的长者，放在饭桌上，接着要给每个客人敬一杯酒，念诵《全羊

祝词》。按规矩把全羊解开，从尾巴上截取一点薄片，放在羊头上，供奉到佛像面前。再从右前腿开始肢解，接着左后腿，而后左前腿、右后腿。如此解开之后，将短肋、波棱盖、跟骨、踝骨和肩胛的脆骨等割下收起来，将四肢放到荐骨的下面，之后从荐骨的右腰侧开始，将两面的肋骨一对一对地解开，搭在脊骨的脊柱上，说一声"大家请用术斯"。主人正要走出去的时候，客人中有一位站起来，把从腰侧割下来的两条肉放在胸椎骨上，献给主人。主人把它接过来，回头照规矩放回原处，同时又说一句"大家随意享用"！这才能退出屋去。如果主人年高德隆，要请别人代替卸羊。卸时，首先要把一条整前腿（这里指带肋骨的前腿，俗称前件子）割下来，送给主人。主人把那条前腿接过来，将它卸开，留下两条肋骨，其余仍要送回宴席上，放到术斯的下面，再客套一番才走出去。然后由客人中的年长者动手吃五叉，随后大家便一起跟着吃起来。

客人用完术斯的时候，尚有一个肩胛骨，大家吃的习惯：将肩胛骨啃干净以后，把一长条绵羊尾巴肉和一杯酒放在上面，献给祝颂人，请他吟唱《肩胛祝词》。吟唱完毕，要一口气把那一长条肥羊尾巴吸进肚里，把那杯酒一饮而尽。而后把剩下的绵羊尾巴切成许多长条，最长的一尺左右，论大排小献给每一个人。

客人用过术斯以后，其中一位年轻人要站起来，把吃剩的术斯收拾一下，把啃过的肩胛和四肢等摆回原位放好，连盘子举起

来从右腋下转过去，使羊头冲着门的方向，端出去交给主人。主人将木盘接过去，再端着走回宴席上，把木盘放到饭桌上，双手一摊鞠一躬："大家请随意用餐"！大家说："我们用过了"！这样客套一番以后，主人才能把术斯拿出去。

巴尔虎、布里雅特蒙古族的术斯各有特点。全羊术斯主要用

在婚宴上，要把全羊分开摆在四个盘子里。第一个盘子里放羊头：将燎过再煮出来的羊头上，剜一个三角形。耳后、嘴唇两侧都要对称地割下一点肉来，上面放上一根肋条。这一盘要献给最上首的客人。第二盘要放五叉（荐骨）。第三盘要放肩胛。第四盘放胫骨。同时四盘都要分别用其他肉作为铺垫放满，之后待客者脱帽鞠躬，摊开两手说一声："拿上吃吧"！于是，最尊者把羊头上三角形的皮撕掉，把耳后割下的肉献进火里，嘴唇两边的肉自己吃掉，把头和肋骨一起双手献给主人。第二盘献给亲家母。亲家母仍将荐骨两边的肉各取少许献祭，将一块献进火里后，再请客人一起吃，巴尔虎、布里雅特蒙古族在待客或公事交往中，一般不放羊头。

民俗链接：

蒙古族对于牲畜的屠宰

　　蒙古民族屠宰牲畜是严格遵照传统规范的。其过程是：使牲畜仰卧，然后沿其前胸下部破开，再按手伸进的方向摸去，将其动脉扯断。然后掐紧动脉的断裂口，用这种方法可以使血液留在体内。这种传统的宰杀方法可在《史集》中得到佐证，在窝阔台汗时期，曾颁布一项法令："谁也不得割破羊和其他食用牲畜的喉咙，而要按他们的习俗剖开其胸和肩胛骨"。他曾命令木速蛮和尊奉《圣经》的人，今后不得以断喉法宰羊，而要按蒙古人的习俗剖开它们的胸膛，凡是以断喉法者，就以同样的方法把他杀死……蒙古族传统的宰杀方法是严禁牲畜的血液流到体外。这种观念与古老的萨满教有关。他们认为："血液中包含着生物的灵魂，保留血液就是保留其完整的存在，生物之死就像睡觉一样，以后还可转生，如果血液排出，肉体离开了灵魂，就不可转生"。

　　屠宰后肌体的分割也是有顺序的，先剥羊皮，从后腿开始，然后把动物的肌体放在皮上，其次扯下其前腿，剖开腹腔，取出内脏。第三步，用刀子在胸腹交界处开一小口子，将后腿挪过来别在其中，然后清除存在前腔中的血块，再把后腿截下，清除后腔的血块，第四步，截开肌体前后两部分同时把脊椎分解下来，再沿下颌把头部割下，最后分开上下颚，清除口腔内杂物。 屠宰牲畜一般是在秋季，秋季是牛羊肥壮的季节。《蒙古秘史》记载："把美好的羊，放牧得肥壮，把成群的羊，繁殖得满野……宰杀好羯羊，给你准备好饮汤"。可见羯羊的肉质肥美。

芒来朮斯献新娘

13

如果是黄金家族，这术斯什么时候也不能吃，而且不叫术斯，叫作珠玛。

蒙古族的婚宴，从新郎家出发到新娘家娶亲，这中间要摆三次宴席；临行上马一个酒宴，中途祭天一个酒宴，进新娘家一个酒宴。初进新娘家的酒宴，是男方家为女方家设的虚宴。

男方家娶亲加上新郎共有四位，其中会有一位富有经验的祝颂人，四人进了新娘家的毡包先喝茶，喝完茶就把带来的主要礼品，很有秩序地摆在包内正中的桌子上，然后，请女方的亲朋入席。

这次入席很有讲究，女方参加婚礼的宾客都要请到，不能遗漏或是排乱座次。男方的娶亲大宾先自捧上一条哈达，毕恭毕敬地献给姑娘的父母，父母接过摆到一边。这是家庭之间的见面礼，不是婚礼的正式礼品。婚礼的礼品另备一份。男方娶亲跟来的人随后就会抬进一只肥大的全羊，这就是芒来术斯——也就是所谓的头份全羊。

　　还有一只看盘，看盘上会摆着一块"川"字朝上的老字号砖茶，和全羊一起摆在女方大宾面前的桌子上。

　　这时，一位女方家的司酒从男方家带来的酒坛里，斟满一杯递给新郎。新郎要在头份全羊的面前，面朝女方大宾跪下。男方祝颂人也要端来同样一杯酒，跪在新郎右边，高声问道："桌上的美酒和德吉（指全羊）备齐了没有"？女方宾客齐声回答："备齐了"。男方祝颂人就开始念一段很长的芒来祝词，初表娶亲的心迹：

　　　　天上的阳光，

　　　　地下的水分，

　　　　虽然冷暖不同，

　　　　盛开的菊花却也把二者萃于一身。

　　　　乌旗的姑娘，

　　　　鄂旗的后生，

　　　　虽然陌路西东，

爱情的力量却使他们成为至亲。

如同传拢一串冰清玉洁的珍珠，

如同点燃一盏光明灿烂的佛灯，

在这一顺百顺的日子里，

在这吉祥美好的时刻，

我们谨循迎亲大礼，

步入了亲家的高门。

把那纯洁的哈达，

谢了各方的神灵，

把那首席的全羊，

摆在亲朋的正中。

把那醇香的美酒，

斟满闪光的银盅，

请接受我们这崇高的盛情。

接着二人就向女方的宾客一一敬酒。在大家喝酒的工夫，司

仪要取出随身携带的蒙古刀，从芒来术斯上取肉少许，放到银杯里，连酒拿到外面，向皇天和圣祖（成吉思汗）祭酒。回到包里，从术斯上割点肉，扔到火撑子上烧了，这是祭火神的。芒来术斯端上来之后，女方大宾代表大伙，用刀在羊头上剜一块月牙形的小肉，送到嘴里吃了，示意司仪把术斯抬下去，留待以后再吃。

　　如果是黄金家族，这术斯什么时候也不能吃，而且不叫术斯，叫作珠玛。祝颂人念过祝词后，珠玛也要向皇天圣祖祭酒，但不能祭这家的火神。因为鄂尔多斯贵族之间不能通婚，对方如果要是平民。贵贱有别，自然不祭女方的火神，而由伴郎再抬出去，拿到女方刚才迎接娶亲人的地方烧掉。看到这里，也许大家都会觉得，这样做是不是太浪费了呀？没办法，人家认为珠玛是皇天圣祖和黄金家族使用的全羊，平民百姓享受不了如此福祉，自然也不能再让男方拿回去吃掉，因为这毕竟是送给女方的礼品，于是便朝退回来的方向烧掉。

蒙古族从成吉思汗时代开始，在祭天、祭祖、祭成吉思汗时都会摆上羊背子，远方来客人时也都要摆上羊背子。

　　"羊背子"就是煮整羊，它是鄂尔多斯最为讲究的民族传统佳肴。

　　羊背子的煮制方法同手把肉一样，把全羊卸成七大件（除去胸叉），加盐煮熟。但腰椎和尾椎不分割，连同腰肉和垂尾，这几个部位要入锅整煮形成一个长方形的平台状，也就是羊背子的整体。煮肉的火候和手把肉相同。装羊背子的容器上是长方形的木制条盘，下面一层分开码放四条腿和肋条等骨肉块。上面平放煮好的羊背，羊背上面的前方位置放置煮好的整羊头，羊头上再

放少许表示敬重之意的奶食。上桌时羊头朝
向最尊者，以示敬意。有些传统的全羊宴席
连腿骨、肋骨肉也不分开，整羊煮熟上桌后
由专人分解。

　　全羊背宴席按传统礼仪有严格的要求，
但各地风俗习惯稍有差别。正式的宴会一般
要有司仪颂祝词，大意是感谢上天、感谢丰
美的草原，赞美羊、赞美生活，祝福宾主、
祝福未来等，以创造祥和愉悦的宴会气氛。
年长的主人先动刀，并以酒轻弹祭天地、祖
先。主人为众人分切肉块后，即表示在场的
人可以食用羊肉了。各部位肉的吃法也有固
定的规矩，但是现在的讲究并不严格。较小
规模的宴席可只放羊背，不放羊头和其他部
位的肉块。

羊背子一般在祭祀、婚嫁、老人过寿或欢迎亲朋贵宾的宴席上才能见到。羊背子的做法与传统方法基本相同，全羊由脊上第七肋骨至尾部割为一段，在割四肢、头、颈、胸、背等八块带尾入锅来煮，白水下锅后放盐、葱、姜等，根据主人的口味，有的地方放一些奶酪，有的地方放一些花椒、辣椒。煮羊背子的火候，当地的习俗以能食为准，以达到脆嫩为好，煮过了则肉老不好吃。用大盘先摆四肢、羊背颈胛，羊头放在羊背上，似羊的趴卧姿势。吃时，每人先用蒙古刀从羊尾巴上割取一条，吃后就可以各取所需。

蒙古族从成吉思汗时代开始，在祭天、祭祖、祭成吉思汗时都会摆上羊背子，远方来客人时也都要摆上羊背子。每逢婚礼和盛大的节日也都会摆上羊背子，表示庆祝。吃羊背子有很多讲究，每个地方都不一样，一般来说，十多个人摆上全羊背子，三五个人就上半只羊，有肋骨、羊腿、等其他部位，最小的还有羊头，根据人口的多少来决定，分十几种羊背子，总之，为了表示尊敬和吉祥才会摆羊背子，它是蒙古族待客的最高礼仪。

蒙古族的饮食习惯中，十分讲究新鲜，即使家里有羊肉，还是要在羊群中选一只最好的羊献给尊贵的宾客。选好羊后，在羊的头部、颈部、胸部和尾部各拔下一小撮羊毛，捻在一起，然后念祭词，祭词的意思是把羊的福祉留下来。

传统的摆羊背子，宴请客人时邀请当地的民间歌手，拉起马头琴，用蒙古族歌舞增加气氛，还要穿上盛装，表示对主人的尊重。蒙古包内也摆上乳制品。

宴请开始，贵宾和长辈依次入席，客人在左边，主人在右边。

蒙古族的饮食习惯是先白后红。蒙古人以白为尊，视乳为高贵吉祥之物。蒙古语称查干伊德，意思是纯洁、崇高的奶食品。通常在吃全羊宴之前，客人们要先吃乳制品，喝奶茶、白酒。待酒喝到兴致上，主人才会摆上羊背子。

羊背子要放在特制的漆盘中，将羊的各件拼成盘腿卧式，头放在羊背之上，羊背的烹饪摆设不仅讲究，而且吃法有一套特殊的民族礼节。

司仪双手端来羊背子，羊头朝着尊敬的客人摆在桌子上，又手捧装满鲜奶的银碗，向客人逐一敬献。用右手无名指蘸些鲜奶向天、向地各弹洒一次，最后自己尝一尝，表示对主人的感谢。取羊身上不同部位的肉放入白酒中，敬天、地、神，再用鲜嫩的羊肉放在羊头上请客人们依次品尝，然后开始分割羊肉。在蒙古

族的传统饮食中，十分讲究分餐制，为了让客人品尝到不同部位的羊肉，司仪要将羊肉按骨节分割成大小不等的切块，之后按羊的卧式原状摆好。

如果是在婚礼上，按照传统习惯，还要把羊脖颈分给迎亲的女婿，表示永远相爱，羊的胸部分给即将出嫁的女儿，表示家人对她的关怀。一曲《全羊赞》唱过，大家开始喝酒食肉，尽情领略草原主人的盛情款待，宴会的气氛推向高潮。

烤羊腿是从烤全羊演变而来。相传，生活在中国北方广阔大地上的游牧民族，常在篝火旁烘烤整只的羊。人们逐渐发现整羊最好吃的部位是羊后腿，便经常割下羊后腿烘烤。单独烘烤的羊后腿不但比烤整羊时间快，而且味道鲜美，食用方便，烤羊腿逐渐代替了烤整羊。经过长期的发展，在羊腿烘烤过程中逐步增加

了各种配料和调味品，

　　传说，成吉思汗在统一蒙古草原时，与世仇塔塔尔部交战于海拉尔河下游一带。数日激战，不分胜负，双方兵马损失都很大。成吉思汗也患了病，他率部在达兰鄂罗木河畔安营扎寨。躺在营帐里，成吉思汗浑身疼痛难忍，不能入眠。额莫钦（医生）熬的药下肚也未见好转。众将领十分着急，陶高沁（炊事员）阿尔斯楞从小随父亲学习医道，对草原上的药用植物性能和作用颇为知晓。八月的草原一片碧绿，牧草

茂盛。阿尔斯楞在草原上采集了十几味草药，用泉水浸泡洗净，捣成碎末。取一只两岁羯羊的后腿，在肉表面深划十字花刀，刀口深入至骨，将草药碎末沿刀口放入肉内煨上，再放到火上烧烤。阿尔斯楞又采来哈利亚尔花（野韭菜花）捣碎，拌上少许盐，放入碗内，他又熬了一锅奶茶。阿尔斯楞把烤好的羊腿端到成吉思汗面前，一股肉香扑鼻，浑身乏力的大汗被扶起坐正，喝了几口滚烫喷香的奶茶，开始蘸着野韭菜花吃起烤羊腿。边吃肉边喝奶茶，这时只见他头上大汗淋漓，脸上泛出红润，双目炯炯有神。不消一个时辰，成吉思汗从地毡上站起，舒胸展臂，倍感轻松，走出营帐飞身上马，在草原上扬鞭驰骋，众将士齐声高呼，欢庆统帅大病痊愈，又可率领他们出征。从此，烤羊腿便成了成吉思汗长期食用的食物，并成为他招待贵宾的一道名品佳肴。

随着时间的流逝，居住在城市里的厨师，吸取民间烤羊腿的精华，实行科学烹调，它已经成为许多著名宾馆、饭店的名品佳肴。而今，烤羊腿都采用具有先进技术的远红外线电烤炉作为烘烤的能源，在控制火候、口味及卫生等方面都达到了较高水平。

美食链接：

吃羊肉的套路多

蒙古烤肉：在漫长的渔猎游牧时代，猎者曾以烧红的石块置于动物体内，将之烤熟。至文明社会，这种烧烤的方法仍旧存在。《元史》记载12世纪蒙古人"掘地为坎以燎肉"。《蒙古秘史》中载有成吉思汗令其部下烧食野山羊。相传成吉思汗的锄烧和铁板烧就是燎肉的两种方法。锄烧即于铁制三脚架上盛石灰盆上，架起一锄形的铁丝网，把整羊放在其上烤熟。铁板烧据传是成吉思汗曾把帽盔倒扣在篝火上烤肉。

另有传说，蒙古民族在中世纪就制作烤肉，有个直观的称呼叫作烤筒子。其制法是将獭皮成筒剥下，去内脏，将肉和骨切成小块，放些野葱等调料，然后将之与炽热的鹅卵石一起放入筒子皮中，这时，趁热把毛皮刮净，再将筒子中的肉烘烤，然后注入冷水，挑出鹅卵石，喷香的烤肉即可食用。

成吉思汗铁板烧：蒙古族久居草原，以畜牧为生，所以在羊

肉的食用上，有着悠久的历史。他们制作的烤全羊、手把肉都是非常美味的羊肉食品。其中一道叫成吉思汗铁板烧的菜，是用蒙古族传统烧烤方法制作的，也叫成吉思汗火锅，俗称成吉思汗铁板烧。

相传，成吉思汗在一次围猎宿营时，看见士兵们架在篝火上的肉被熏得焦黑。他忽然灵机一动，取一个士兵的铁盔放到篝火上，拔出腰刀，把猎来的黄羊肉片切成薄片，贴在"锅上"烤成外焦内嫩的炙肉片，然后食用，士兵们如法炮制，果然醇香味美。这就是成吉思汗铁板烧的雏形。以后在蒙古大军西征的时候，这种食法随军传到了欧洲，一时间风靡世界。可惜，国内没有流行起来，不久就失传了。直到近几年，随着各国之间文化交流的日益广泛，它在国内才日益流行起来。

据说在日本的札幌，有一个内设几百张餐桌的大饭庄，大牌匾上印着一个古代士兵头盔似的锅，反扣在古色古香的雕龙画凤的炭火盆上。就餐的人们围坐在餐桌前，当锅中间的烟囱散发出缕缕清香的时候，人们便用筷子夹起锅边的肉片，蘸着香油、糖、醋、芝麻、胡椒等各种调料便可以吃了，有点像今天人们非常热衷的韩国烧烤的食法，只不过韩国的烧烤不是在锅上烤，而是在一个形如栅栏的铁片上，下面是烤肉专用的无烟煤，所需肉片也已经不局限于羊肉片了，牛肉片、鸡片、鱼片，都可以烤制。客人们坐在一起，边说边烤，感觉甚是不错。但对于成吉思汗铁板烧来说，食羊肉片比较正宗，因为，它不但

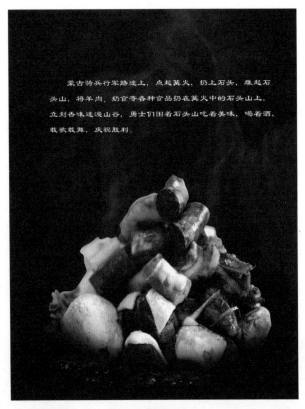

蒙古骑兵行军路途上，点起篝火，扔上石头，堆起石头山，将羊肉、奶食等各种食品扔在篝火中的石头山上，立刻香味迷漫山谷，勇士们就着石头山吃着美味，喝着酒，载歌载舞，庆祝胜利。

是一种食品，而且代表了一段历史和文化。

金刀烤羊背：这道菜也是蒙古族人在非常隆重喜庆的场合才会制作的一道美食，按照草原牧民的话来说，一只羊除了羊腿，肉就都在羊背上了，所以烤羊背也是一道大菜。制作时选用草原上最肥美的白条羊背，用当归等三十余种中草药和天然调味品腌制24—36个小时，腌好的羊背要在特制烤炉中经过2个小时左右的烘烤，还一定得是野杏、桃、李、桦木等木炭作为燃料，只有这样烤出的羊背才原汁原味，饱含草原的百草香，毫无腥膻之感，可谓色美肉香、外焦内嫩、干酥不腻，正应了那句话，"六月鲜羊肉，神仙也想吃一口"。

骶骨羊拐有内涵

15

草地有"玛瑙珊瑚稀世宝，牲畜之中肉是宝，肉之中拐骨是宝"之说，可见羊拐在他们心目中是多么重要。

蒙古人吃肉啃骨，有很多讲究和禁忌，有的属于煮法、摆法、解剖范围，有的是某部分不给某种人吃、某部分专给某种人吃、某部分到了某种年龄才能吃。有点孔夫子"非礼勿食"的味道。有的骨头，还有"特异功能"。伴随着功能，又有许多相映成趣的段子。你若在平时留意记住一些段子，在大伙儿吃肉的时候来上那么一段，一定会给大家带来许多回味悠长的乐趣。

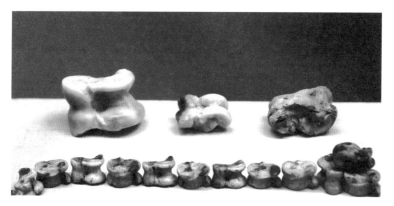

在连接羊后蹄和小腿的地方，有一块游离的骨头很特殊，汉语称为踝骨，俗称羊拐，《西游记》写作"拐狐"。蒙古语称为"沙阿"，或译作"髀石"。这种骨头有宽有窄、有凸有凹、有正有侧，六面六个形状，所以民谚说："高高山上绵羊走，深深谷地山羊过，向阳滩上骏马跑，背风弯里黄牛卧，倒立起来叫不顺，正立抓个大骆驼"。这首民谣就是用了五畜的名称给羊拐的各个面命名。

牧区孩子长到三四岁，大人就把它拿出来，让其辨认哪面有什么牲畜。再大一点儿，就可以做羊拐的游戏了。在牧区成长的儿童，没有不会玩儿羊拐骨游戏的，他们的童年记忆，总是和羊拐联系在一起。铁木真十一岁跟扎木合作盟友时，将一个铜灌的羊拐赠给扎木合，扎木合也将一枚狍子的拐骨赠给铁木真。后来两人反目，想起从前互赠拐骨时的情景就"又重新亲爱着"。羊拐在这里做了友谊的纽带。1983年，巴林右旗清理一座辽代古墓时，曾发现九枚拐骨：牛拐骨一枚，山羊、绵

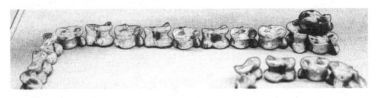

羊拐骨七枚，还有一枚铜铸的仿绵羊拐骨。由此看来，北方游牧民族接触羊拐的时间，还可以往前推得更早。

草地有"玛瑙珊瑚稀世宝，牲畜之中肉是宝，肉之中拐骨是宝"之说，可见羊拐在牧民心目中是多么重要。卧羊的时候，牧民杀多少牲畜也要把拐骨保存起来。不仅保存自家的，还要把赢取别人的也一同装在皮袋里，有的多达几百几千枚。牧区里有着"拐多之家牛羊多"的说法。一到冬闲季节，不论男女老少，都会提着羊拐袋子找人玩儿，并且把赢得羊拐看作是生活中的一大乐事。所以牧民中有"玩羊拐也是一技"的说法。

上面所说铜灌和铜铸的羊拐，多半是为了加重分量做"老子儿"用的。将羊拐挖空，灌以铜，就成了铜灌的羊拐。以羊拐为本，脱出模子，注以金属，就成了铜铸的羊拐。几个人围成一圈，每人出五或十枚羊拐，互相混合。然后将其抓起，抛散而下，看上面出现的形状，在相同之间用小指划一下，将一枚弹向另一枚，弹中者取其一归己。如弹不准或弹到别的子儿上，则算失败，须交下一

位再抛再弹。如此循环往复，直到把对手袋子里的羊拐赢完。还有一种玩儿法是只出四枚"老子儿"，让在座的人轮流抛掷。如果四枚落下，出现"四只绵羊"，则是四个一样，向坐在上首的人要四枚羊拐。如果出现"四匹马"，便是四十匹黄马，向上首的人要四十枚羊拐……如此这般按规则进行。此外还有"赛马""摔跤""猜羊拐"等各式各样的玩法，有着许多增加情趣的规定。比如，上面说的第一种玩法，如果抛下的羊拐摞在一起，就要把它们弹开再玩。可是弹开时用了右手，再玩时就得用左手。

羊的脊椎骨有许多节，最末一节叫作骶骨。因为下面连着的是尾骨，吃不上劲，前面几节脊椎的重量又压在它上面，出的力受的苦较大，所以俗称"受罪骨头"。尽管受罪，但上面的肉不是很好吃。所谓里脊、外脊，不就是从它们上面割下来的吗？

传说，一个出门人正在自己帐篷里啃"受罪骨头"，一个强

盗来到外面，打探如何下手。此举被出门人察觉，便灵机一动，自问自答说："要把骶骨掰开吗？""掰开掰开！"强盗认为里面至少有两人，便未敢下手。打那以后"受罪骨头"的身价提高一倍，变成"问答骨头"了。而且吃这块骨头时，即使是一个人，也不能悄悄卸开就吃，一定要大声自问自答："解开吗？""解开解开！"

随着斗转星移，日升月落，问答的范围又扩大了九倍：那两根向两边伸张的骨头，形状像凤凰的翅膀；那个连接上面脊椎、扁圆又突出的部分，形状像好汉的额头；还有美人指甲、骏马獠牙、须弥山、木匠锛、马鞍子、流水河、渡鸦喙等（各地名称不一，但都是九种）。吃罢全羊，客人把"问答骨头"卸开啃净，置于盘中，递给主人。主人站起来将盘子接过，用左手的拇指和食指把问答骨头夹住，右手拿一根白草，指着上述各个部位，向客人一一发

问。客人如不仅能答上是什么，还能答上为什么，就能算作蒐尔干（智者），博得满座宾客的赏识。

比如问：这像什么形状？答：美人的指甲。问：何以见得？答：没有剪刀能裁布，没有顶针能缝衣，所以才成了美人的指甲。问：这像什么形状？答：好马的獠牙。问：何以见得是好马？答：没有坐鞴能追上野驴，没有捆肚能追上黄羊，所以才成了好马。如此等等问答下去。如果一知半解，丢三落四或者干脆答不上来，就会受到别人奚落，自觉脸上无光。所以，你要记不住那九种特征的话，千万不要把它单独卸出来，悄悄放回盘里就是了，这样就可以蒙混过关。

主客一一问答完毕，主人要问："拿它干甚哩"？客人便答：

皇上也吃哩，

百姓也啃哩，

门外也扔哩，

黑狗也啃哩。

说是卧象便躺哩，

说是走象便行哩。

主人："眼下咋办好哩"？

客人："照原样放倒就行哩"！

这是新疆卫拉特蒙古的风俗。如果是青海蒙古，就说："给百姓当饭去，给皇上当膳去，这块问答骰骨，从黑狗嘴里掏出去"！就顺手将骰骨扔进火里烧了。

肩胛骨上故事多

16

　　肩胛骨人畜都有，一头通过窝骨连接前臂骨，一头通过脆骨连接着躯干的肌肉，独立而完整。上面有近似锅、马径、水井、草场等牧区常见的自然和人文环境的造型，古人就以此作为占卜的根据，发明了肩胛骨卜。

　　阿拉善放全羊术斯时，都要把肩胛骨留在最后。由客人中的一位把上面的肉剔下，根据座中人数，切成许多小条，分给每一个人吃。而后把肩胛上的肉啃得干干净净，将一长条绵羊尾巴和

一杯酒置于其上，献给在座的民间祝赞家："扎，请您祝颂肩胛"！
于是，祝赞家就有板有眼地把肩胛骨从里到外祝颂一番。祝颂完
毕后，将那一条长尾一口气吸进肚里，把那杯酒一口喝干。

　　肩胛骨为何获此殊荣，而且还必须是众人分食呢？原来这个
习俗是源自一个古老的民间传说。很久以前有一位老猎人，打猎
时骑一匹白马，总是满载而归。有个巴音（财主）看上了老猎人
的马，不管是拿钱买还是拿东西换，老猎人就是不同意，于是就
打起了坏主意。一天晚上，这个巴音骑上自己的一匹黑马去老猎
人家作客。老猎人摆下肩胛宴（即上文所说胸椎、前腿、肩胛和
羊头）招待他，巴音不管不顾地自己把肩胛上的肉全吃了。半夜
风雪交加，巴音推说出外解手，暗地里把老猎人的马杀死了。第
二天一早，他起来在蒙古包外面绕了一圈，然后跑回来假装惊讶
地告诉老猎人说："不好了，不好了，刚才我看见您的马踢绊死了"。
老猎人说："我活了七十岁，肩胛上的肉从未独吃过，哪会出现
这种事情"？于是跑出去一看，原来死的是巴音的黑马。原来昨
夜雪大风紧，他的黑马身上落了冰霜，巴音误认为是老猎人的白
马就给杀了，结果落了个自食其果。从那以后，草原上便有大家
一起吃肩胛骨的习俗。

　　这种习俗几乎遍及整个草原，各地传说各有千秋。锡林郭勒的传说似乎更有戏剧性：传说有一猎人到山中打猎，午间一边烤着野物一边独自饮酒。这时有两个强盗潜伏，趴在猎人头顶上的悬崖向下偷窥，他俩的影子照进猎人的酒碗。猎人看到这杯中贼影，灵机一动，就把肩胛上的肉割下好多块，顺口说道："肩胛骨，大家吃嘛，来，一起吃"！边说边向各个方向递送，还叫着不同的人名字。强盗误以为崖底下人多，怕吃眼前亏，便悄悄溜了。从那以后，就形成了不能独食肩胛骨的风俗。

　　肩胛骨人畜都有，一头通过窝骨连接前臂骨，一头通过脆骨连接着躯干的肌肉，独立而完整。上面有近似锅、马径、水井、草场等牧区常见的自然和人文环境的造型，古人就以此作为占卜的根据，发明了肩胛骨卜。卜时先要洗手净面，对肩胛洒奶祝福，再向神佛祈祷，使其具备灵气，这才开始占卜。占卜的肩胛，分黑白两种。吃净肉以后用来占卜的，叫作白肩胛。啃净肉以后再烧黑用来算卦的，叫作黑肩胛。彭大雅在《黑鞑事略》中记载的所谓"其占筮，则灼羊之核子骨，验其文理之逆顺，而辨其吉凶，天弃天予，一决于此，信之甚笃，谓之烧琵琶"，大概指的就是

后一种。

肩胛骨，三角扁平，形同琵琶，故也称琵琶骨。有说胛和甲通假，胛骨就是甲骨，那么其来历就更早了。宋朝徐霆一行奉命出使蒙古时，窝阔台汗曾数次烧琵琶骨决定他们的去留。结果都是该去，于是，徐霆一行才得以返回南方。可见胛卜在蒙元时代的社会生活中何等重要。

胛卜为何如此灵验？民间也有传说。据传很久以前，一位草原上的勇士想要追求可汗的公主，可汗不想公主嫁给没钱没地位的勇士，就对勇士说他要是在那达慕大会上全部胜出，就把公主许给他。那达慕大会上，勇士在骑马、摔跤和射箭的"男儿三艺"当中全都取得胜利，可汗故意刁难勇士，就把公主藏了起来，让

勇士去猜公主的藏身之地，猜出来就把女儿嫁他，否则前功尽弃。勇士没了办法，就找乡间的一个牧民帮忙。牧民拿出一个黄山羊的肩胛骨，端详一阵，对勇士说是卦已算出，只是不敢明言，因为可汗身边有黄黑两位算卦先生，会算出是谁向他泄露了机密，这样给他算卦的牧民就活不成了。勇士苦苦哀求，牧民就想了个办法：自己藏进大铁锅下面，对着茶壶嘴子，把机密告诉了勇士。于是勇士找到了公主，当了额驸（驸马）。可汗不相信这是勇士自己猜出来的，便让两位先生占了一卦。黑脸先生说："此乃铁身之人所告"。黄脸先生说："此乃铜口之人所告"，可汗勃然大怒："世上哪有铁身铜口之人"！便把两位算卦先生杀了，牧民却从此出了名，于是，便传下用肩胛占卜一法，而且以黄山羊的

最为灵验。

　　在尹湛纳希所著的《青史演义》里面，也描述了一段成吉思汗，利用羊肩胛骨占卜，运用苦肉计打败王罕的场景："新年的礼节过后，举行盛宴。毛浩来站起来，走到九桌整羊前，手拿着快刀跪在地上，说道：'请主公占卜，现在有九只整羊摆在桌上，请主公猜一猜先从哪一只羊开刀，然后用朱笔记在宝碗的底面扣在一旁。下臣我来割肉，如果主公之意和下臣的想法吻合，今年一定能彻底打败赫利特国。如果我们的想法不一样，那定不能完全歼灭赫利特，此卜全凭主公的运气了'！铁木真听了，微笑一声，说道：'照办'！铁木真取乌优图斯钦的朱笔在宝碗的底面写了几个字，放在众臣面前，让毛浩来割肉。毛浩来高喊一声：'托

主盛威'！走到第三桌整羊那里，用刀一捺，割下一块肉盛在金盆内，献给铁木真。铁木真失声惊叹，取宝碗翻过来一看，碗底写着'第三'。众人连连称奇，铁木真命人搬来整羊，亲手割肉赏给毛浩来，二人津津有味地吃起了羊肉。

众人都吃了羊肉，把骨头也剔得干干净净。铁木真割下这只羊的后腿，掰下踝骨藏起来，背着众人扣在金碗下面，微笑着对毛浩来说道：'威武的军师你来猜猜这踝骨的背、心、目、耳的哪面朝上'？毛浩来说道：'主公金碗下踝骨，其目朝上'。说着带众臣向前，掀开金碗一看，其目果然朝上。铁木真和众臣纷纷称奇，把自己吃过的和毛浩来吃过的羊肩骨放在一起，对着阳光一看，肩骨的薄处聚集了五彩之光。铁木真给众臣看了看，又将其他桌上的肩骨扔进火里，在火烟上对照一看，那五彩之光变得越发明显。

铁木真说道：'将这踝骨和肩骨小心存好，待我赢了蛮横的赫利特，我们再细细研究……'

同年八月，铁木真在勃特国南部名为塔海木的河边设大帐，大摆筵席，庆贺胜利。众臣于是询问在新年伊始，铁木真与毛浩来在整羊席上用羊肩胛骨占卜时，到底定下了什么样的军机。

毛浩来解释道：'主公前面的九个整羊桌就像是主公的九卿大国。第三桌整羊代表主公的三弟哈萨尔。从那里开始下刀，说明哈萨尔的妻小都被赫利特抢去，也是说将计就计。这桌上的整羊似我们的国家。从右肩割肉，暗喻把主公右臂一样的弟弟哈萨尔假扮成叛逆之徒，引来赫利特大军。我们不是用羊的右肩骨预示吉祥吗？我们也是想用主公的弟弟哈萨尔引敌军前来，攻破他们。果然不出所料，主公的右臂哈萨尔引赫王前来，在达兰布拉格大败了他们'！众臣听后无不称奇"。

上面的故事和做法，都说明肩胛骨有先验之性，透着股灵气，具有某种暗示、警戒的作用。至今，牧区有些关隘险路，往往把肩胛骨和几根长肋骨一起挂在树上。风吹肋骨打在肩胛上，发出丁零当啷之声，提醒过路人前面有危险，不可贸然行进。或者在路的中间，横拉一条皮绳，把许多肩胛像旗帜一样挂在上面，同样起一种警诫的作用，如同今日公路两旁的标志牌一样。肩胛骨上大下小，有柄可握，薄而易响。乡村的孩子便在上面打两个孔，拴上两枚铜钱，像拨浪鼓一样满村里打着摇。这样虽能起到提醒的作用，但警戒的意味已经没有了。

肩胛为骨中奇者，讲究颇多。孩子不能啃肩胛骨，晚辈不能在长辈面前啃肩胛骨，外甥不能在舅舅面前啃肩胛骨。游牧转场时，不能把完整的肩胛骨丢在旧营盘上，一定要砸碎再扔掉，如今牧区往来做古旧物件买卖的与日俱增，过去扔掉的骨头也成了收购之物，但牧民都不会轻易出售自家的肩胛骨。

新婚夫妇啃羊脖 17

两个孩子合啃羊脖骨，不仅表示情投意合，亲密无间，也象征着爱屋及乌，孝顺双方父母！

鄂尔多斯婚礼里面，女方家的婚宴通宵达旦，茶不停，酒不停，歌不停，最后，主人要拿出最好的食物——整煮全羊，招待所有来宾。主婚人发话以后，端盘子的鱼贯而入。每盘盛有一只卸作六大块的全羊，上面放着羊头的上半部分。从主婚人开始，大约十五个人中放一只全羊。方法是：将木盘放到一尊者面前，行半

跪礼退后一步。尊者将木盘掉转，使羊头面向端盘者。端盘者再
一行礼，跪上前来。按一定之规，将六大块卸作五十多块，好啃
好拿。再把羊头放上，转回原位。掌心向上一举，说声"用膳"，
便倒退而出。与此同时，其余桌面的羊背也陆续剖卸完毕。主婚
人说："各位用刀"。并带头割一块。大家七手八脚、挑肥拣瘦
地大吃起来。

新郎跟着祝颂人来到姑娘房中，坐在西边客位，参加这里的
晚宴。正面是梳头爹妈，东北是新娘和伴娘。看热闹的年轻人站
了一屋。晚宴放的羊背子，一般不能带羊脖。正对新郎的木盘一角，
恰恰有一块整煮的羊脖，显然这是故意放的。

更有甚者，那些小姨小舅辈，暗中串通嘎勒其，专拣羊脖粗
大者，中间插入红柳棍，增其难度。身小力薄的男子，根本掰不开。
伴郎就先用刀，将肉剔离，骨缝撬开，再交给新郎。这样自然要
遭女方亲人的奚落："羊脖子折不断的可怜虫，怎娶人家的玉美
人"！不过，男方祝颂人很会打圆场。他向嫂子把木盘要过来，
将掰开的半截脖子放进去。又把露出来的柳根捡起来，给嫂子递
过去："半截脖子是新娘的，半截柳根是嫂子的"！为新郎挽回
点面子。

嫂子把盘子接过来，给坐在东北角的新娘送去。按照鄂尔多

斯的风俗，这个羊脖是新郎和新娘合啃的。一旦羊脖掰开，人们不看新郎，单看新娘如何下口伙吃脖肉。机智的梳头爹爹趁机转移人们的注意力，问男方祝颂人："我说亲家公，你说一对新人伙吃脖子共食肉的习俗是怎么留下的？"祝颂人就说："哈哈，你要追根问底，还得从头说起。相传很古的时候，从成吉思汗开始，只要男婚女嫁，你娉我娶，都要经过这么一回：

> 新人共餐的羔羊是美好的，
>
> 出嫁遭逢的公婆是美好的，
>
> 夫妇合啃的羊脖是美好的，
>
> 常去探望的丈人是美好的。

两个孩子合啃羊脖骨，不仅表示情投意合，亲密无间，也象征着爱屋及乌，孝顺双方父母"！

摘羊拐是牧区普遍的礼俗，都是在女方家进行，男方娶亲时一定要摘得女方家的羊拐。乌珠穆沁的新郎一到女方家，喝茶敬酒、宴席开始以后，要被带进另一个包专门招待。在为他特意准备的盘里，便放着胫骨、肩胛、四根大肋，羊脖衬在最下面。那胫骨的下端，就连着羊拐。乌珠穆沁娶亲，嫂子要陪伴。嫂子要用刀子割开胫骨的缝隙，新郎把羊拐和后跟腱一起拧下来，装进靴的里侧。娶回媳妇以后，要装进妆新大枕头里，永久保存。

苏尼特摘羊拐的情景，与乌珠穆沁十分相像，唯一的区别是在姑娘临出嫁前举行。届时，新娘要装扮一新，领进宴包同新郎见面。有人端来黑白两种圣水（即水和奶）让新郎、新娘洗手洗脸，然后给新郎系上红绸子腰带。当时认为这玩意儿很重要，是一个人的灵魂依附之所，所以岳父家要特别赠送。接着端来一个木盘，哈达盖着羊脖和胫骨，置于新郎面前。新郎拿起蒙古刀，巧妙地将寰椎卸开掰离，放回盘中。再把胫骨摘开，把羊拐连后跟腱包在哈达里，填进靴里。

达尔罕茂明安联合旗的摘羊拐，离新娘上马出发的时间更近，几乎成了抢亲的节奏。达尔罕娶亲一般要去三个人，比女婿大的一名（大伯），比女婿小的一名（小叔子）。娶上媳妇正好四人，这样算来也是个吉利的数字。新娘出嫁时住在单独的包里，由两个伴娘陪同。旁边放一只盘子，盘里放一根胫骨。临近出嫁时辰到时，大伯和小叔子由女方一客带领，闯入闺包，与伴娘撕扯上好一阵子，将新娘抢出，扶到马上。这当儿新郎要趁机钻进闺包，将胫骨抢过，握在手中。拇指一使劲，将羊拐掰离，装进靴里同样的地方，出来与新娘一同骑马而行。按礼节新娘的骑乘要由婆家牵来，毛色须与新郎的马颜色一致。不一致的，要在马鬃上拴一条颜色相符的布条。新娘抢出时，用盖头遮脸，骑在马鞍轿里，后面骑一男子（其兄或弟）。送亲者人数不限，不讲究单数双数。茂明安与达尔罕不同的地方，是把羊胫骨卸开，但不卸通。抢亲之前新娘和新郎各捉一头，猛地一拽，带羊拐的那节便留在新郎手里。

十里不同风，百里不同俗。同是摘羊拐，到了某些地区，就变"摘"为"抢"。既然是"抢"，女方自然也要参与，小叔弟媳也要上手。

察哈尔新郎给岳父家的人敬过酒后，要在专门招待他的全羊

席上就座。司仪从羊脊两侧各切一条肉，互相交换位置后，请客人食用，以示尊敬。大伯小叔这时要赶紧抢走胫骨，掰出羊拐，麻利地包进哈达，填到自己右脚穿的靴靿。因为羊拐女方也要抢，那些伴娘都眼疾手快，动作慢了就会被她们抢走，那可就有戏看了。

库伦旗的互抢羊拐，是在求名问庚结束以后，新郎、伴郎与伴娘分据一桌两边。当把带肉的胫骨端上来的时候，一放到桌上，伴郎和伴娘一起上来抢夺。

阿巴哈纳尔的抢羊拐，时间又比库伦晚了一步：到了姑娘出嫁的时候，有个节目就叫摘羊拐。也是桌上放盘，盘里放胫骨，上面盖哈达。摘取羊拐的时候，不用把胫骨取出来。就那么衬着哈达，把羊拐摘出来，就势包在哈达里，喊着"呼瑞呼瑞呼瑞"原地转三圈，放在女婿的靴勒里。

科尔沁的胫骨宴要摆羊背子，羊背子端上来的时候，桌子一边坐着新郎，另一边坐着四位伴娘。要出嫁的姑娘用被单蒙着全身，躺在炕上。司仪把羊背子卸开以后，新郎和四位伴娘都要上来抢胫骨摘羊拐。新郎抢上以后，要把羊脖掰开。掰开以后，要一把将新娘身上的被单掀掉，高叫一声"起来"，新娘要赶快起来。如果动作慢了，那些伴娘便上来与他纠缠，新娘也躺着不起来了。

抢羊拐的原因，从库伦的礼节看来，可能把它视为祥物，与召福有关系，意思是把女方家的福气，同羊拐一起带走。另外，也与生育有关。库伦的羊拐宴上，就讲究女婿抢上生个白胖小子，姑娘抢上生个如花姑娘。当时重男轻女，不想让姑娘抢上。有说这话不对的，如

果重男轻女，新娘又何尝不是如此？恐怕就是故意逗逗乐，为难一下新郎，看看他机灵不机灵。也有些学者把它跟掰羊脖合在一起考虑，认为是古代狩猎和战争的遗俗。

在婚礼祝词中，就有"走过窄路险地，折断老虎脖子"的说法。民间俗话中，也有"摘胫骨，骑黄马，娶老婆"的说法，据此可以把摘胫骨、掰羊脖，看成是一种英雄行为。

不论哪里的婚礼，最后羊拐都必须落在新郎手中。如果女方抢去，新郎就要给人家点烟、敬酒、唱歌、献哈达，甚至磕头祷告也要把羊拐要回来。

故事链接：

白额头的黑绵羊拜佛的故事

很久很久以前，草原上有一只白额头的黑绵羊，在鼻尖上厚厚地抹了一块黄油，要去五台山拜佛祈福。它走啊走啊，在路上遇到一只母狼要吃它。白额头的黑绵羊就对母狼说："你吃我也行，不过，最好等我拜佛回来再吃。我这是要去五台山拜佛祈福。你劫食一只求佛路上的羊，对你不会有好处，相反会给你带来万劫不复的灾难"。

母狼说："那好吧"。于是就等着。

白额头黑绵羊来到五台山，用鼻尖上的一大块黄油，点上佛灯，拜佛祈福。过了不久，它产下了一只小羊羔。于是，它等到小羊羔稍微长大了一点儿，便带上它踏上了回家的路。

走在回来的路上，母羊不禁担心："那只狼肯定在等着吃我呢，不只会吃掉我，还会吃掉我的小羊羔。又没有其他路可走，该怎么办呢？"母羊想到这里，忽然觉得很悲哀，于是就一路走一路哭。

这时候，遇到一只灰兔，问它为什么这般伤心落泪，母羊说：

"我去五台山拜佛祈福，路上遇到一只母狼要吃我。我跟它说等我拜佛回来再吃，好不容易才脱了险。现在，我拜佛回来了，那只狼一定在前面的路上等着吃我呢。一想到我的孩子也难逃厄运，我的心里很难过"。

灰兔听完母羊的话，说："别担心，我有办法"。说罢，小灰兔带着它们来到一个住户的废墟上，从那儿找到一块布和一根细木棍，然后，又从路上捡了一张废纸，悄悄地叮嘱了母羊母子一番，然后来到了那只狼经常出没的地方。

一看，狼果然在那儿等着呢。兔子见到狼，于是做出一副很神气的样子，开始发威，对羊大喊："铺毡子伺候"！母羊不敢怠慢，赶紧把那块破布铺在地上。只听兔子又喊："插旗"！母羊又把那根细木棍插在地上。兔子又高声命令道："拿公文来"！母羊将那块废纸递给兔子，兔子看着那张纸大声宣读道："太平可汗有令，要马上凑齐七十二张狼皮，送给达赖喇嘛做皮裤子用，现在我们奉旨前来取用狼皮"！母羊和羊羔咔嚓一声跺脚接旨。狼见状，吓得屁滚尿流，带着它的狼崽子逃之夭夭。于是，白额头的黑绵羊带着它的羊羔，在兔子的帮助下，平平安安回了家。

婚前来场放供宴

18

放供宴上，未来的新娘一早就躲了出去，可怜的新郎什么也看不到。

巴尔虎蒙古族在举行婚礼以前，男方从家里去女方家的时候，要举行一个小型的宴会，叫作"放供宴"。

放供时要去一辆马车，拉着羊背子。亲戚朋友骑上马跟来一大群，未来的女婿走在其中。他的帽顶子上，缀着颗红珊瑚，上面插一条向后竖起的貂鼠尾巴，在人群中显得很惹眼。就凭这个标志，路人一眼就可认出他是新郎官。

　　女婿的舅舅是必须去的（在巴尔虎婚礼中，双方的舅父都是坐上首的角色）。快到女方家时，速度就慢下来。舅舅派出两个人，快马先去报信。女方的舅舅也派出两骑，一路驰来欢迎。这两队人迎面碰见，不打招呼，擦肩而过，各行各的使命。男方的使者去了女方家，不向满座宾客一一问候，只在总体上请个安，在蒙古包里西边的座垫上坐下，接过女方

端来的茶，把盘子里的食品，抠点儿投入火中，再送进嘴里尝点儿，说明来意，匆匆返回，若路上碰见女方二人返回，视同陌路，交臂而过。

　　男方的人来到女方家以后，舅舅要向女方家里要两个盘子，一大一小，一个木盘一个瓷盘。大木盘里，要把带来的全羊（羊背），按照一定的规矩摆好。上面放一颗羊头，脑门上剜掉一块肉，嵌上一块油脂。嘴巴朝北，一起放在供桌上。瓷盘里放着黄油、奶皮、奶豆腐之类，作为木盘的陪衬，放在佛爷的像前，这就是所谓"放供"。

　　放供送的礼物，并不是我们所说的"彩礼"，也不是实质性的。而是一种有趣的象征，包括哈达、白酒、羊皮、火镰、火石、火绒六种，可视为汉族的"六色礼"。前两种，是蒙古人表示友好礼节的必备之物。羊皮是用来作新被子的。那时没有四铺四盖的缎被子，便因地制宜，用羊皮作被子。一床被子需要六张羊皮，男方家拿三张，剩下三张让女方家拿。不是拿不起，而是故意要

这个劲。两家合做一张被子，表示小两口亲亲热热，在一个被子里出气。最后那三样东西，是取火工具，用现在的话来讲就是"原生态的打火机"，用两片火石夹一团火绒，啪啪用火镰一打，火星溅起来落到火绒上，用嘴吹燃，再用它来点火。现在在一些饭店就餐，打火机对顾客都是免费赠送的。过去在草原上取火可不那么容易，一只绵羊换一盒火柴的事情是很常见的。送这些的时候，要有一个仪式，男方大宾手托三张羊皮，交给女方大宾。女方大宾接过，祝福一番：愿一对新人／福儿久／命儿长／被子里面满是子女／浩特里面满是牛羊／日子过得美满富强。

在众人手里传一遍，交给新娘的母亲。打火使用的"原生态打火机"是送给姑娘的父亲的，做法和送羊皮差不多，然后把六种礼物的祝词都要说一遍：

我们来这里的目的，
为给你们供奉的火神，
献上一条哈达，
向你们大家，
献上六种礼品：
高山上垒敖包，
大江中放木筏，
裁剪水貂皮的，
锋利的剪刀，
在你们这儿，
力开宝弓的，
女婿在我们那边，

所以我们把上乘的物品，

雪白的哈达，

宝钢的火镰，

罕山上的火石，

揉好的火绒，

及其他几种礼品，

通过大宾之手，

献给生身的父母亲。

　　这一部分仪式进行完了，剩下的仪式要在蒙古包的外边举行。包外的地上东、西、北铺上一圈毡子，宾客们围成一个半月形坐上去。面前垫起木板之类的桌几，上面摆开男方来宾们带来的羊背子和其他吃食，十分丰盛。火撑子支在当中，上面坐着锅。不

过下面不生火，锅里放的是奶酒。年轻人把奶酒舀进铜盆，再从盆里舀进碗里，摊开袍襟，跪着敬给对方的长辈。长辈接过，要说上一段祝词才能啜饮，否则，年轻人就不起来。所以，这里的老人们多多少少会几段祝词。说完祝词祭天，便可以开怀畅饮，姑娘媳妇们唱起了独特优美的蒙古族长调民歌。

放供的收尾更是别出心裁，双方的舅舅各自上场，作摔跤手势的龙腾虎跃状。后面各跟着两个后生，各抬一只柳筐，筐里各放一只绵羊前腿。那些嗓子痒痒的老头，便随着他俩跳跃的动作，唱起摔跤手出场歌来。两位亲家说是摔跤，并不真正角力。而是一个给一个留面子，你把我抢起来转一圈放下，我把你抱起来转一圈放下。摔来摔去打个平手，你送我一条羊腿作奖励，我送你一条羊腿作奖励。筐里的羊腿送完了，仪式也就结束了。

放供宴上，未来的新娘一早就躲了出去，可怜的新郎什么也看不到。

抹画公羊祝吉祥

19

形态如盘羊，威武似大象。大角头上盘，肥尾臀上长。用美味和佳肴，抹画这洁白的公绵羊……到繁殖的季节，产出千万只羔羊。到来年的春天，生出无数只羔羊……

　　蒙古族是游牧民族，爱畜如子。正月里给人过春节的时候，也不忘给牲畜过新年。也许你会说：牲畜不穿新衣，不吃饺子，也不看央视春晚，怎么给它们过新年呢？是的，你要没见过，你就想不到，想不到的才有趣，这正是草原不同于其他的地方之处。

　　除夕这天，在苏尼特一带，要像打扫居室一样，把羊圈和牛栏打扫得干干净净，把牲畜都赶回来，喂饱饮足，这是要给它们过年的节奏！

在羊圈的正中央，要四四方方控出九块羊砖（用脚踏实的羊粪层），搬到浩特东南——太阳上升的方向垛起来。这就是"垭德尔"。启明星上来以后，全家男女老少穿得崭新，来到垭德尔跟前，把好吃好喝摆上，焚燃九炷香，将新茶、黄油、饼子向天地泼散一番，对着新年的太阳磕三头。这就是祭天，反映了人们对大自然和新生活的热爱。

起过羊砖的地方，露出个四方坑儿，这就是"羊席"。羊席上拢一堆火，把香柏叶、黄油、饼子等等撒上去，插上几炷香，让羊儿们闻闻它们燃烧出来的芳香味儿。这就算过了年。对于群里的公山羊公绵羊，还要特殊优待。孩子们总是争先恐后地跑过去，扳着犄角把它们拉到羊席跟前。大人们端来一只盛着黄油、鲜奶、酪蛋的银碗，硬把它们的嘴掰开，把碗里的东西喂进去一些，再在脖子上系一条哈达，脊背上撒些黄米，有板有眼地吟唱道：

形态如盘羊／威武似大象／大角头上盘／肥尾臀上长／用美味和佳肴／抹画这洁白的公绵羊／到繁殖的季节／产出千万只羔羊／到来年的春天／生出无数只羔羊……

在风中吹不走 / 在雪里不迷向 / 天旱不炸群 / 雨涝也无恙 / 愿我有福的牲畜 / 滋生得像黄米一样！

而后把它们放回群中，随即泼点奶茶。这就是抹画公羊，用吉祥的言辞祝福牲畜繁衍。

抹画公羊以后，就把圈门打开，牧羊人牵出骆驼来，准备赶上羊群出牧。女主人跑出来，端了满满一盘奶食，送给牧羊人。奶食有白油、黄油、酸油、奶豆腐，还有饼子和其他熟食，通称"米列德斯"，就是抹画公羊的食品。牧羊人张开过滤酸奶的袋子，让女主人把米列德斯倒进去，扎住口儿，挂在高高的驼峰上，便顺着驼脖子爬上去，优哉游哉跟在羊群后边出场了。初一出门拜年的人，远远看见羊群过来，便赶紧跳下马来，给牧羊人拜年。牧羊人也要滑下驼背，给来人尝米列德斯，如果是小字辈，牧羊人可不下骆驼，就在驼身上把米列德斯赐来人。尝过米列德斯的客人，要绕过羊群走路，不能从羊群中间横驰而过。

晚上放牧归来，主人要早早迎上去："初一羊吃得稳吗"？

牧人一定会说："羊吃得很稳"。说着把酸奶口袋摘下来，跟主人进了家，把它挂在哈那头上。三天以后，主人将它取下来，倒进木盘，作为"牲畜的福祉，祖先的恩赐"，端给左邻右舍分享，届时还要饮酒唱歌热闹一番。

民俗链接：

蒙餐里的原生态

中国的饮食文化源远流长。作为中华民族一分子的蒙古民族，不仅创造了代表中华文化之一的草原文化，也创造出了独具风格的饮食文化，那就是草原蒙餐文化。

草原蒙餐，顾名思义，是草原民族在长期的生产、生活中形成的饮食品类，以及由此衍生的饮食文化、饮食习惯、饮食传统及礼俗等。草原蒙餐经过几千年的演变，在传承草原悠久文明的基础上，已经逐步形成了一整套特有的体系。

蒙古民族是一个富有诗意的民族，他们精于畜牧之道，这成为他们饮食习俗的"基因"，创造出了独具一格的饮食文化。有专家考证，名扬天下的韩国烧烤就是源自中国元代的蒙式烧烤，至今在日本札幌和中国香港的繁华闹市区都有"成吉思汗铁板烧饭庄"。蒙古人很早就知道如何科学膳食、如何自我保健。独特的饮食文化，造就了蒙古人强壮的体格。

草原蒙餐文化博大精深，具有草原风格和游牧文化特点，充分体现了敬畏自然、顺应自然、保护自然、和谐处理人与自然的关系，强调自由更注重集体力量，继承传统更注重

创新的饮食文化特点。

草原蒙餐取自自然，保护自然，拒绝污染。蒙古族食物来自大草原，肉食、奶食是在天然大草原上放牧的家畜身上获得的。他们在捕杀利用的同时更注重保护，以永续利用。野菜，是草原上自然生长的可食用的野生植物，有的含生物碱，有的含特殊蛋白质，很多植物还有药用价值，对于野生植物，

用时取之，保护其再生，从不挖光。

蒙古族比较重视食疗和自我调理。牧民都知道，山羊肉属凉性，牛肉属温性，绵羊肉属热性，根据身体状况选择牛羊肉进行调理。如果呼吸系统有毛病喝酸马奶，消化系统有疾病喝酸牛奶，身体缺乏维生素喝砖茶，还采集野生植物，调节食品花样，又可治疗某些疾病。

季节不同，身体需求营养不同，食谱也不同，牧民一般在寒冷季节以牛羊肉为主食；而在温暖季节，以奶食为主，该季节水草充足，母畜奶水丰富，喝酸牛奶，尤其喝酸马奶，不仅解渴，也能充饥，而且有很好的保健作用。

蒙古族菜系使用调味品较少，佐料少，

讲究原汁原味和鲜、嫩，尽量保持食品原来的营养成分。草原上的牧民为适应经常搬迁的游牧生活，茶点、肉松、肉干、涮羊肉、手把肉等食品，制作速度快，茶开肉熟，端上来就可食用。这种快餐特点，稍加完善，完全适应了市场经济快节奏。同时，牧民在进餐时，把食品分成若干相等的份子，每人一份，同时进餐。这种分餐式，既杜绝浪费，又充分体现了人人平等的思想。

据史料记载，11世纪以后蒙古饮食品种得到发展，已形成肉食、奶食、粮食三大饮食习俗。而蒙古族的传统饮食则分为两大系列，即"白食"和"红食"。其中"白食"就是乳及其制品，"红食"就是肉及其制品。这种称呼极富色彩感和生态性。蒙古族的饮食习惯为先"白"后"红"，无论大小宴席或邻里之间的日常往来招待客人，蒙古族人都以白色食品为先导，如果直接端上"红食"招待客人，会被认为主人不太尊重来客。草原蒙古族的传统饮食文化以奶食为多，肉食次之，粮食更次，最有特点的是茶饮。

蒙古族肉食中以羊肉为主，烹制方法有多种。其中名肴有全羊席、烤全羊、烤羊腿、手把肉、羊背子、油煎羊尾、羊肉火锅、肉肠、肉饼等。术斯（全羊）中蒙古烤全羊，白煮羊术斯宴享誉四海。

蒙古民族利用草原纯天然、无污染的肉奶等原料，发展了独具风格的饮食文化，使人在品尝美味佳肴的同时，感受草原民族粗犷、豪放的性格，领略草原文化深厚的底蕴。

元 上 都 遗 址

SITE OF XANADU

元上都的诈马宴

20

"诈马宴"的时间一般选在阴历六月的良辰吉日，宴会连续举办三日，此时正值金莲川水草丰美、百花争艳、气候宜人之际。

诈马宴，又称质孙宴、只孙宴、诈马筵奢马宴、济逊宴等。据考证："质孙"蒙古语意为"颜色"；而"诈马"是波斯语，意为"衣服"，是蒙古族餐饮中以分食整畜（以羊居多，牛次之）为主要佳肴的大中型宴会，被誉为"蒙古族的第一宴"。

诈马一说是蒙古语，意为去掉毛发的整畜；一说是汉语，诈有漂亮、俊俏之意，诈马指装饰华丽的马，诈马宴就是要乘骑诈马前往的宴会。元丞相脱脱《诈马赋》赋诗云："百官五品之上皆乘诈马入宴"。质孙（只孙）是蒙古语颜色的音译，曾任元朝监察御史的周伯琦《诈马行》诗序："质孙，华言一色衣也"，质孙宴因与宴者要穿戴同样颜色衣冠而得名，是元廷

蒙古汗国的王庭

举行的统一着装宴会。

诈马宴作为正式宴会，起源于蒙古汗国时期。诈马宴的举行地点一般是在克鲁伦河上游的曲雕阿兰与哈剌和林附近的山林中，元朝中晚期地点就在上都城郊外。元朝皇帝在每年的四至八月都要到元上都驻夏，期间要举行各种活动和宴会。其中规格最高、规模最大、最为隆重而奢华的当属诈马宴。

诈马宴的时间一般选在阴历六月的良辰吉日，宴会连续举办三日，此时正值金莲川水草丰美、百花争艳、气候宜人之际。地点选在北苑（皇城北复仁门外的高岗之上，北苑也是皇家苑囿）

大汗的金帐——棕毛殿，是皇帝到上都避暑的行宫，也称"凉殿"或"昔剌斡耳朵"。棕毛殿是用棕毛制成，排列成阵，每座殿的四周都镶嵌着美丽的翡翠宝石，在阳光下绚丽夺目，五彩纷呈。殿内可容纳两三千人，棕毛殿两旁还有慈仁殿、龙光殿等。赴宴者主要是宗王、戚里、宿卫、大臣等要员。赴宴的人们须穿皇帝颁赐的金织纹衣，包括皇帝在内每人每天都要换上颜色一致的服装，称质孙服，身份不同质孙服面料和款式的档次也不同，皇帝冬服有 11 等、夏服有 15 等；百官冬服有 9 等，夏服有 14 等。是以织金工艺高超的"纳石失"（元代织金锦的一种，丝织物）为主要面料，镶嵌珠宝、华贵异常，是政治地位的象征，五品以上的官员皇帝才赐之。参会者骑乘的马匹都要打扮得非常漂亮，称之为"盛装的马"，就是用五彩斑斓的雉鸡尾毛和精致的鞍辔戴于马身。使"盛装的马"与"百官的服"相互辉映、相互衬托。宴席餐饮品特别丰盛，有所谓的"迤北八珍"，即"醍醐（带油乳酪）、麋沆、野驼蹄、鹿唇、驼乳糜（骆驼酸奶子）、天鹅炙（烤

博克手的较量

天鹅肉）、紫玉浆（葡萄酒）、玄玉浆（马奶酒）"，有主打食品牛、羊、马肉；宰后用热水煺掉全毛再除去内脏的整畜；有万瓮葡萄酒、马奶酒、驼峰、熊掌、烤肉及冰盘冷饮；有黑龙江哈八都鱼、南方的名茶（凤髓）和草原的黄羊；还有皇帝率兵在大围猎时捕获的其他飞禽走兽。调制肉食品的佐料也是纯天然料品，如石盐（井盐）、野山椒、野茴香、野韭菜、回回豆子、哈昔泥、咱夫阑、白蘑等香料。负责炊厨和端菜的侍者，口鼻均用丝绸面料包着。开宴前，首先由负责操办管理宴会的大臣宣布成吉思汗的法令，使与会者知所畏惧，遵守规则。

　　诈马宴的内容丰富多彩，除饮美酒、品佳肴、相互交流外，还有许多仪式，气氛分外热闹。在开宴日的清晨，各宗王和达官显贵都要穿上皇帝赐给的同色服装、佩戴珠翠宝石和腰带，手持各色仪仗彩旗、雄赳赳地进入上都城内，皇帝也与各大臣、亲王们衣冠楚楚，在一片欢呼声中来到北苑的御殿（棕毛殿）。这时鼓

乐奏响，鞭炮齐鸣。盛装的武士们在御殿前要进行角力（摔跤）、射箭、放走（长跑比赛）和表演百戏陈杂、兽戏等竞技活动邀功。十六位舞蹈少女头戴象牙佛冠、身穿大红的销金长裙、云肩鹤袖、锦带凤鞋，手执各种乐器，边奏边舞，仿佛如翩翩仙女。宴会上，时有乐手、舞蹈家和摔跤手们表演助兴；时有群臣齐唱颂歌；时有人们敬酒互相祝福；时有礼宾官献赞美词等。

上林宫阙尽朝晖，宿雨清晨暑气微。

玉斧照廊红日近，霓旌夹帐彩霞飞。

锦翎山雉攒游骑，金翅云鹏织赐衣。

元代有不少诗歌，生动形象地描绘了元上都诈马宴的盛大场面和各个侧面。以上是元代曾任翰林院编修的乃贤在《昔喇斡尔朵观诈马宴》一诗中，对当时来自全国各地的亲王群臣进入上林苑后的宏大场景所做的精彩描述。

千人以内的诈马宴可在水晶殿举行，若是数千人参加的特大型诈马宴，则要在位于皇城北门外与外城内之间的昔喇斡尔朵（黄

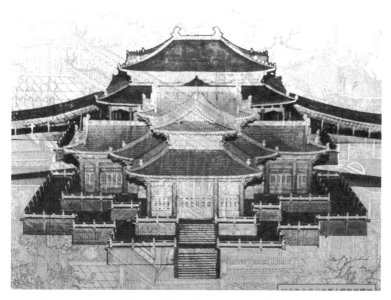

色的宫帐或金帐）举行，此帐不仅外形高大壮观，而且内部富丽堂皇。为了防雨，在帐顶上铺设了厚厚的棕毛，俗称棕殿或棕毛殿。《马可·波罗游记》曾对棕毛殿描述道：用竹子作梁架，以金漆缠龙绕柱，劈竹涂金作瓦，殿内壁画花草百鸟，外用彩绳牵拉固定，高达百尺，可容纳数千人同时进餐，故也称为"竹宫"。

萨都剌《上京杂咏》中这样描写棕毛殿：

沙苑棕毛百尺楼，天风摇曳锦绒钩。

内家宴罢无人问，面面珠帘夜不收。

元代"儒林四杰"之一的柳贯在《观昔喇斡尔朵御宴回》一诗中写道：

毳幕承空柱绣楣，彩绳亘地掣文霓。

辰旗忽动祀光下，甲帐徐开殿影齐。

21

规格高端的宫廷宴

据罗布桑却丹《蒙古风俗录》记载，蒙古食谱中最为贵重的膳食是整羊、整牛宴席，蒙古人统称"诈马宴"。

诈马宴作为正式宴会，起源于蒙古汗国时期，史载窝阔台汗曾命"诸妇人制质孙宴服"（《元史·太宗纪》）。经过发展，于元朝初期基本定型，"凡诸侯王及外番来朝，（皇帝）必赐宴以见之，谓之质孙宴"（元·柯九思《宫词》）。元朝实行大都（今北京）、上都（今内蒙古正蓝旗境内）两都制，从元世祖忽必烈开始，元朝皇帝每年三四月至八九月，都要在上都 "避暑理政"，并于每年六月选定吉日，举行诈马宴，在元朝两都举行的各种宴会中，此宴是规格最高、规模最大、时间最长、民族特色最浓，并完整荟萃蒙元礼仪、美食、音乐、舞蹈、竞技、服饰等方面的最高等级国

蒙古宫王宴乐生活图

宴，堪称"元代蒙古族饮食文化皇冠上的明珠"。

据罗布桑却丹《蒙古风俗录》记载，蒙古食谱中最为贵重的膳食是整羊、整牛宴席，蒙古人统称诈马宴。举行诈马宴的重要意义是成吉思汗黄金家族借此笼络宗亲。其中最重要的项目是宣读祖训《成吉思汗大札撒》，主要内容是宗藩、诸王、百官要同心同德拥戴大汗，弘扬列祖列宗的功德，永保祖宗基业等。根据《历史上蒙古族的诈马宴》一文记述："诈马宴"是古代蒙古民族最为隆重的宫廷宴会，是宫廷最高规格的食飨，是集宴饮、歌舞、游戏和竞技于一体的娱乐形式。诈马宴的宗旨是：纵情娱乐，增强最高统治集团的凝聚力。它有适宜的地点、固定的场所，对赴宴

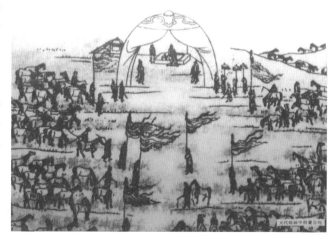

元代绘画中的蒙古包

者的身份、服饰均有严格的规定。

这种大宴展示蒙古王公重武备、重衣饰、重宴飨的习俗，较之宋朝皇帝的寿筵气派更大，欢宴三日，不醉不休。赴宴者穿的质孙服每年都由工匠专制，皇帝还常给大臣赏赐，得到者莫大光荣。有时在筵宴上也商议军国大事。

据《蒙古食谱》一书记载，在蒙古族历史上，喜庆大典或者隆重祭祀，都要摆诈马宴，它是蒙古全羊席之一种，全称叫"绵羯羊整羊诈马宴"。又说，制作诈马宴时，以蒙古族人宰杀羊的传统方法为好，把整羊用开水煺毛，剖开胸腔部位，去掉内脏，清理干净，用盐和五香调料腌制，然后将开膛处缝好，放入有盖的大海锅或者特制的烤炉蒸制或者烤制。上席前要弃其角、直肠、四蹄，再用大木盘或者大铜盘把整羊做成站立式或者卧式上席摆宴，羊头朝主客位（一般是年高的长者）献于席面。以内蒙古克什克腾旗的习俗，尚要在诈马四蹄上穿银制蹄子，头上饰以银制字形印牌，以示喜庆吉祥。

加宾尼在《蒙古史》里记载了他参加推选贵由汗的大聚会时，

看到的一色衣的情况："在那里正在举行庄严的大会。在我们到那里时，已经树立了一座用白天鹅绒制成的大帐幕，照我的估计，它是如此巨大，足可容两千多人。在帐幕四周树立了一道木栅，在木栅上画了各种各样的图案。……所有的首领集合在那里，每一个首领骑着马，带着他的随行人员，这些人分布在帐幕周围的小山和平地上，排成一个圆圈。第一天，他们都穿白天鹅绒衣服。第二天，贵由来到帐幕——穿红天鹅绒的衣服。第三天，他们都穿蓝天鹅绒的衣服。第四天，穿最好的织锦衣服"。

"据我估计，有许多马匹的马衔、胸带、马鞍、马鞭上所饰黄金，约值二十马克。首领们在帐幕里面开会，我相信是在进行选举。其余的人在上述木栅外面很远的地方。他们留在那里，直至中午前后，这时他们开始喝马奶，一直喝到傍晚，他们喝得如此

之多，看了是令人吃惊的。""在此期间进行了选举，虽然选举结果在那时还没有宣布。我作这样的推测的主要根据是，当贵由走出帐幕时，他们在他面前唱歌，当他留在帐幕外面时他们手拿顶端有数簇红羊毛的美丽旗杆，略略放下，复又扬起，向他致敬，对于任何其他首领，他们都没有这样做。他们称这座开会的帐幕为昔剌斡尔朵。"

《鲁布鲁克东游记》记载蒙哥可汗在哈剌和林的宴会中"蒙哥汗回到哈剌和林，并自圣灵降临节后第八天（6月7日）起举行大朝会，他希望所有的使者都参加最后一天的朝会……在这四天中，每一天他们都换衣服，这些衣服是赏赐给他们的，每天从鞋到头巾，都是一种颜色"。

诈马宴的参加者主要是"宗王、戚里、宿卫、大臣"。

宗王是成吉思汗诸子、诸弟的子孙，是蒙古各部落的首领，他们组成了元朝的最高统治集团。皇帝每年到上都驻夏时，宗王们都要来上都朝觐，并参加忽里勒台（大朝会）。因诈马宴每年

6月举行，他们便提前来到上都，多数人要在上都周围的草场上搭起蒙古包食宿。

戚里是皇室的外戚，也包括先帝的后妃、驸马等。他们也提前来到元上都。

宿卫是在宫禁中日夜值宿护卫皇帝和皇宫的警卫，也是皇帝身边一支最大最精锐的部队。这些宿卫的职务是世袭的，其首领作为皇帝的内臣，实际上参与军政事务的管理，地位高于在外的千户那颜。

元朝皇帝在上都驻夏期间，主要大臣也要随驾前来，以便处理军国大事。元朝的主要机构，在上都均有分衙或下属官署。此外，各行省的主要官员，也要在此期间觐见皇帝或参加大朝会。有资格参加诈马宴的，都是五品以上官员。

诈马宴一般在6月择日举行。日期确定后，上述宗王、戚里、宿卫、大臣等就要事先进行准备，按时赴宴。他们清晨盛饰名马，自城外各持彩仗，从四面八方列队驰入城内。不骑马者可乘坐香车。

亲王群臣下马后，要很快换上皇帝赐予的质孙服。各宗王、戚里、宿卫、大臣等进入水晶殿或昔剌斡尔朵后，按尊卑贵贱，各就其位，"以中为尊，右次之，左为下"。皇帝和皇后则坐在殿中高台上的"七宝云龙御榻"。他们也着同样颜色的质孙服，但形制更为尊贵丰富。

窝阔台汗国的王室贵族

豪华盛宴的大场面

22

历史发展到今天，我区许多地方广泛收集整理挖掘历史资料，推出了既传承古代优秀传统、又符合现代理念和人们饮食习惯的诈马宴，招待国内外的尊贵客人，使这一古老的佳肴焕发了青春。

宴会开始前，先要"盛陈奇兽"。各国、各地、各部进献的狮（即狻猊）、虎、豹、熊、象等奇兽和各种珍禽，平时是在禁苑中的万寿山，即皇家园林内。此时一一被带到殿内，让与宴者观赏。诸兽形态各异，尤以狮子最为威武。观赏之中，尽显朝廷华贵威严。《马可·波罗游记》中曾记载："节庆举行之日，引一大狮子至君主前。此狮见主，即俯伏于前，似识其主而为作礼之状，狮无链斫。未见此事者，闻之必以为奇也"。

在大殿的周围，摆放着全国各地及各藩国的贡物。史载，"各藩来朝，来者必有贡献，去时必有赏赐。其舶来

之物，必有中土少见者，列于金銮殿厩"。萨都剌《上京杂咏》描写：
"诸方贡物殿前排，召得荐房近露台"；丹丘生《宫词》描写："万
国贡珍罗玉陛，九宾传赞卷珠帘"。

　　杨允孚《滦京杂咏》中有一首描写了"盛陈奇兽"这一场面
和接下来的"宣读札撒"。"札撒"，蒙古语意为法度或遗训。
在忽必烈时期，重臣宣读成吉思汗札撒。忽必烈去世之后，则同
时宣读成吉思汗和忽必烈札撒，以为告诫，并期盼"九州四海服
训诰，万年天子固皇图"（胡助《滦阳杂咏十首》）。在宣读札
撒时，皇帝命云和署停止奏乐，全场肃立，静听祖训。

　　宴会开始后，首先要上整羊。烤好的整羊上席前要去角、蹄，在大铜盘或大木盘内做成卧式，其色泽金黄，香味扑鼻，羊头颈上系着红绸，朝最尊位献于席面。司仪唱起古老的《全羊赞》：

　　肥美的绵羊肉端上来了，金杯美酒满溢，

　　亲朋好友欢聚在一起。

　　它那宽阔的脊背，就像广阔的宇宙。

　　这只羊喝的是清凉的泉水，

这只羊吃的是鲜嫩的青草；

它的绒毛受过露水的洗礼，

它的身躯受过阳光的沐浴；

肥美的烤全羊献给亲朋好友，

让我们一起品尝这美味佳肴。

在享用食品前，先有"喝盏"之俗，蒙古语称作"斡脱克"。史载，"国家凡宴飨，自天子至亲王，举酒将酹，则襄礼者赞之，谓之喝盏"。皇帝皇后将进酒，全场起立，侍者执酒半跪进献，退三步全跪，司仪高喊"哈！"，鼓乐齐鸣。饮酒时首先敬献苍天，其次敬献大地，再次敬献祖先。皇帝皇后饮毕，众人复坐，随后

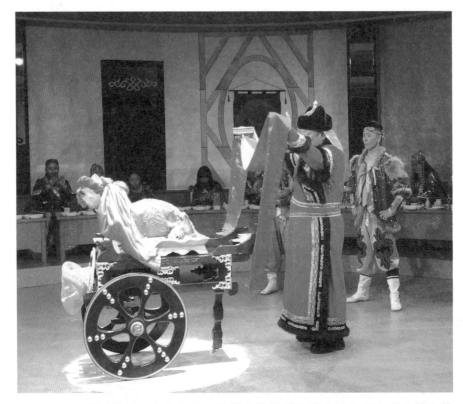

君臣畅饮。在宴会上，伴随着悠扬美妙的宫廷音乐和武士美女的翩翩舞蹈，各位宗王、戚里、宿卫、大臣等要列队面向皇帝皇后御榻，高捧葡萄酒杯，向皇帝皇后敬酒祝福。在宴席上，亲王群臣们要齐唱许多传统颂歌，如一首《国泰民安》的颂歌唱道：

圣朝国泰民安，让我们和谐地欢宴。

可汗福荫同载，让我们统一四海。

笃信光明宗教，让我们融洽说笑。

我主神威远扬，征服世界万邦。

宴会结束时，皇帝要向亲王群臣赏赐礼物。

诈马宴上还有一些禁忌。如蒙古族视踏门槛为不祥之兆，因此，所有与宴者严禁践踏宫帐中的门槛。宴会上侍者要用棉纱或绸布遮住鼻子和嘴，以防呼出的气息触及食物。

　　大宴三日酺群宗，万羊脔炙万瓮浓。

　　九州水陆千官供，蔓延角抵呈巧雄。

　　紫衣妙舞衣细蜂，钧天合奏春融融。

　　这是《口北三厅志》中所载《诈马行》一诗，分别概述了诈马宴的美食美酒、产地供应、摔跤竞技、歌舞表演和器乐演奏等盛况。

　　对诈马宴上丰盛而精美的饮食，白埏《续演雅》一诗中写道：

　　八珍肴龙凤，此出龙凤外。

荔枝配江珧，徒夸有风味。

诗中认为，食蒙古八珍、饮龙凤名茶虽然是十分珍贵，但与来自南方沿海的荔枝和江珧（即干贝）比起来更加稀奇。《续演雅》诗注中指出，"所谓八珍，则醍醐（带油乳酪）、獐颈、紫驼蹄、鹿唇、驼乳糜（骆驼酸奶子）、天鹅炙（烤天鹅肉）、紫玉浆（葡萄酒）、玄玉浆（马奶酒）也"。

从以上这些诗中描写可以看出，诈马宴上的菜肴饮品除了蒙

古八珍，还有驼峰、熊掌、黄羊、鱼类、蘑菇、高丽生菜等佳肴，以及各种名茶和水果。产地则来自东北黑龙江、西域、南方沿海等全国各地。这些食品、饮品，有的是从外地专供，更多的则在上都城就能出产或购得。

城内仅各种手工作坊就有120余处，每年皇帝在上都驻跸期间，来自全国乃至世界各地的人员大量聚集在此。"辉煌千舍区，奇货耀出日"，就是这里繁华景象的写照。

蒙古族是尚武的民族，始终注重培养人的勇敢、坚毅、顽强精神。骑马、射箭、摔跤、被称为"男儿三艺"。 王沂《上京》一诗，描写了御殿前摔跤竞技的场景：

黄须年少羽林郎，宫锦缠腰角抵装。

得隽每蒙天一笑，归来骑从亦辉光。

皇帝卫队中的青年武士，身着艳丽的摔跤服，腰缠彩色宫锦，进行摔跤比赛，获胜后得到皇帝赏赐，感到非常荣光。

　　各亲王在三天的诈马宴空闲期间，常进行狩猎活动，既能强身健体，娱乐身心，又能加强凝聚力，收获美味。元末明初诗人钱宰《题藩王出猎图》一诗写道：

　　藩王朝辞诈马宴，羽猎不敢齐长杨。

　　西风猎猎边城戍，小队旌旗打围去。

　　燕姬如花向前骑，从官骑列春云浮。

　　黄须少儿勇且骁，虎纹交韔悬在腰。

　　马上双雕驰报捷，凯歌向王王击节。

　　金杯进酒饭黄羊，马湩淋漓手新庪。

　　从诗中，我们可以看到藩王打猎时的众多随从和如云马队，看到年轻武士的英勇身姿和高超射技，看到众人一道食黄羊手把肉、饮金杯马奶酒的欢快场景。

　　历史发展到今天，我区许多地方广泛收集整理挖掘历史资料，推出了既传承古代优秀传统、又符合现代理念和人们饮食习惯的诈马宴，招待国内外的尊贵客人，使这一古老的佳肴焕发了青春。

诈马宴的跨时空链接

23

内蒙古自治区成立70周年，蒙古族的生活方式已经融入城市。市场的需求使蒙餐走出牧民的蒙古包，一步步走进大都市，成为城市风景。现在，很多从事蒙餐上的有识之士又开始恢复诈马宴。

历史上的诈马宴规模宏大，内容丰富，宣读祖训，商议国家大事、宴饮歌舞，百戏竞技，通宵达旦。元代一年之中多次举行诈马宴，马可·波罗说达到十三次之多。其实元初并无准确的次数，但是每年夏天，大汗巡幸上都（现内蒙古自治区锡林郭勒盟正蓝旗境内），都要举行盛大的诈马宴，这成了元代的定制。诈马宴

因目的不同而举行的时间和地点不同，娱乐性的要在庆典、朝会之后随即举行；是为增强最高统治者集权，增强统治集团团结的盛大宴会，一般在夏末秋初召开。正是草原水草丰美，牛羊肥壮，气候宜人的季节。到了元朝中晚期，每年只举行一次，地点就在上都城郊外。

在元朝之后，诈马宴也有流传。据托忒蒙古文资料记载，约18世纪初，远在伏尔加河流域的卫拉特蒙古土尔扈特部首领阿玉奇，就曾设盛宴款待彼得大帝，宴会的饮食、娱乐就酷似诈马宴。

与满汉全席相比，诈马宴的文化气息、历史气息更为浓重。满蒙文化从某种角度看来也有很多相同之处，满汉全席中有一席为蒙古亲藩宴，此宴是清朝皇帝为招待与皇室联姻的蒙古亲族所设的御宴。由此看来，满汉全席的文化与诈马宴的文化在某种意义上也有着一丝联系。现在深受民众喜爱的蒙餐，可以说是诈马宴的浓缩，是诈马宴的简化，所以蒙餐文化推广起来相对容易一些。而现在的蒙餐受欢迎的原因，一是因为蒙餐独特的风味，二是因为蒙餐中蕴涵的蒙元文化，诈马宴的推出更是将饮食中的蒙元文化挖掘出来。

时光穿越到了现代，位于鄂尔多斯的成吉思汗陵旅游区，在浓缩和提炼了古代诈马宴的精华之后，巧妙地在中间穿插进了鄂尔多斯婚礼，可以说是创新的诈马宴，而鄂尔多斯婚礼本身，也为诈马宴增色不少。

宴席中，羊肉是主要食品。奶食品是仅次于羊肉的骨干食品。

宴会上菜肴繁多、名贵，而且具有地方风味。烤全牛、烤全羊、羊背子、手把肉、烤羊腿、牛蹄筋、白油、黄油、奶皮子、奶豆腐、奶酪、奶果子、奶茶、酸奶、奶酒一应俱全。据了解，诈马宴的菜分六大道，第一道叫天赐乳香，主要是奶制品；第二道叫那颜朝会，吃的是羊腿肉；第三道叫可汗赐福，指的是烤全牛；第四道叫蒙古八珍，用草原上生长的绿色无污染的草原蘑菇、沙葱、枸杞、黄花、山野菜等原料制作而成；第五道叫塞外三宝，主要是黄金炸糕、莜面饺饺等；第六道是盛宴惜别，喝黄金茶。

蒙古族食品中包含极为深厚的文化底蕴，像炒米和酸奶、风干牛肉就是历史上很著名的成吉思汗军粮，当时作战是没有行军灶的，这些食物成了当时作战最重要的"后勤保障"。现在的牛肉干经过现代方法改良成了很多人喜欢吃的美食，现在这些食物也成了很多人来内蒙古必买必尝的内蒙古特产。

现代诈马宴在野外进行烤全牛时，烤制的材料不是用煤炭，而是用最高级的香木、果木等木材。与传统诈马宴比较，现代诈马宴有了很大改进。现代诈马宴在烹制方法上融入了很多现代因素。如史书记载，烤全牛是将剥过皮的全牛放入烤窑，烘烤两天两夜才能出窑。而今天的烤制过程也是在保留了原有的形式后进行了现代的改良。烤全牛用烤箱烘烤八个小时就能上桌。将整只牛或羊分成几个部分，逐步烤制后，再拼回原来样子，放在形如古时的战车上，由十几个壮汉将放着烤全牛或羊的战车拉入宴会厅，场面令人惊叹。

在诈马宴中，敬酒仪式也是非常隆重的，极具蒙古族特色。在人们品尝诈马宴时，蒙古族姑娘们会手捧哈达和银碗，载歌载舞向贵宾们献礼，接受献礼的贵宾先接过银碗，按照蒙古族的饮酒方法敬天、敬地、敬朋友，而后将碗中酒一饮而

尽，此后姑娘们会将哈达献到贵宾手中。此情此景，使得外地游客不得不佩服蒙古族过人的酒量！

诈马宴在古时是要进行两三天的时间，总的来说就是欢宴三日，不醉不休。现在的人们当然不会有这样的时间用来娱乐，所以现在的诈马宴多数在两个小时左右，再加上歌舞表演，有时也会一直进行到深夜。我们知道蒙古族能歌善舞，诈马宴也总是伴随歌舞进行的，在诈马宴中载歌载舞的蒙古族姑娘的衣服非常漂

亮，让每一个看到的人都觉得心旷神怡。宴会中还会给宾客展示堪称"人类音乐的活化石"之称的，蒙古族为之骄傲的"呼麦"。

晚会中的高潮部分就是由一位蒙古族壮汉手持盛满奶酒的银碗，嘴里唱着蒙古语的颂歌，这个人就是传统诈马宴中的重要角色——祝颂人，他在宴席间要祈福求祥，展示成吉思汗酒礼。紧随祝颂人身后，烤全羊被推进来，多位身着蒙古武士服的勇士护卫着全羊。场中的"保儿赤"（伙夫）右手持银制蒙古刀，左手拿洁白的餐巾，单腿跪立，敬候祝颂人贺词。当最后听到祝颂人说全羊上席，"保儿赤"才把全羊"诈马"献于席上。此时席间专职"诈马师"（能够切割分解"诈马"肉，使之厚薄均匀、大小相同、外形美观，并且能够善词祭酒"诈马"肉、尊九礼仪者）将献盘（木制或者铜制大盘）举过头顶，使蒙古刀刃朝向自己，准备切割"诈马"。再听一段祝颂人赞词，当祝颂人说："现在开始举献全羊！""诈马师"又一次举盘于头顶，将"诈马"头朝主宾客席摆好，然后按照九种仪式开始进献：

第一，在"诈马"头上刻画吉祥符号，然后把"诈马"头仰起，呈举献姿态；

第二，将"诈马"两肢前臂内关节切割少许，把"诈马"做成跪式姿态；

第三，将"诈马"后颈（第一颈骨）切割少许，把"诈马"做成低头叩拜姿态；

第四，将"诈马"后两肢跟骨关节切割少许，把"诈马"做成卧式姿态；

第五，再一次举献，把"诈马"扶起，呈站立姿态；

第六，再把"诈马"做成跪拜姿态；

第七，取"诈马"左腰脊肉羊尾以及全身之（德吉），祭洒九方位；

第八，向至尊的圆形大酒局献酒34块肋骨、24块腰脊肉、28块前肢肉，向尊严的十六衙门等一律以尊九数献洒各方；

第九，以最美好的祝词开始，把"诈马"做成各种举献姿态。

以上这9种礼仪均有特定的吉祥含义。

诈马宴可以说是集民族文化仪式、宗教文化仪式、军事文化仪式、饮食文化仪式于一体的盛礼，蕴含着文化、历史、军事的深厚底蕴，全世界都没有像诈马宴这么让人观之动容的宴会，在某种程度上，诈马宴也是蒙古族的骄傲。

内蒙古自治区成立70周年，蒙古族的生活方式已经融入城市。市场的需求使蒙餐走出牧民的蒙古包，一步步走进大都市，成为城市风景。现在，很多从事蒙餐上的有识之士又开始恢复诈马宴。与现代其他的餐饮相比，蒙餐的食品都是绿色的食品。有趣的是，

蒙古人的餐饮是地道的分餐制，诈马宴里的烤全羊、烤全牛都是整只烤好的，吃的时候还要切好，分到每个人面前，按现在的餐饮理念，这是科学卫生的饮食习惯。民俗专家认为，越来越多的蒙餐从业者注重突出蒙元文化，形成"文化蒙餐"，这是一种餐饮产品与独特文化的较好结合，文化增加了餐饮的附加值，餐饮也宣传了文化。很多没有见识过诈马宴的人也许很难想象其真正的规模是什么样子，就从元代诗人杨允孚的诗里体会一下当时元朝的诈马宴吧：

"千官万骑到山椒，个个金鞍雉尾高，

下马一齐催入宴，玉阑干外换官袍。"

参考书目

1. 郭雨桥著：《郭氏蒙古通》，作家出版社 1999 年版。

2. 陈寿朋著：《草原文化的生态魂》，人民出版社 2007 年版。

3. 邓九刚著：《茶叶之路》，内蒙古人民出版社 2000 年版。

4. 杰克·威泽弗德（美）：《成吉思汗与今日世界之形成》，重庆出版社 2009 年版。

5. 度阴山：《成吉思汗：意志征服世界》，北京联合出版公司 2015 年出版。

6. 提姆·谢韦伦（英）：《寻找成吉思汗》，重庆出版社 2005 年出版。

7. 宝力格编著：《话说草原》，内蒙古大学出版社 2012 年版。

8. 雷纳·格鲁塞（法）著，龚钺译：《蒙古帝国史》，商务印书馆 1989 年版。

9. 王国维校注：《蒙鞑备录笺注》，（石印线装本）

10. 余太山编、许全胜注：《黑鞑事略校注》，兰州大学出版社 2014 年版。

11. 朱凤、贾敬颜（译）：《蒙古黄金史纲》，内蒙古人民出版社 1985 年版。

12. 额尔登泰、乌云达赉校勘：《蒙古秘史》，内蒙古人民出版社 1980 年版。

13. （清）萨囊彻辰著：《蒙古源流》，道润梯步译校，内蒙古人民出版社 1980 年版。

14. 郝益东著：《草原天道》，中信出版社 2012 年版。

15. 刘建禄著：《草原文史漫笔》，内蒙古人民出版社 2012 年版。

16. 道尔吉、梁一孺、赵永铣编译评注：《蒙古族历代文学作品选》，内蒙古人民出版社 1980 年版。

17. 《蒙古族文学史》：辽宁民族出版社 1994 年版。

18. 王景志著：《中国蒙古族舞蹈艺术论》，内蒙古大学出版社 2009 年版。

19. 郭永明、巴雅尔、赵星、东晴《鄂尔多斯民歌》，内蒙古人民出版社 1979 年版。

20. 那顺德力格尔主编：《北中国情谣》，中国对外翻译出版公司 1997 年版。

后记

经过反复修改、审核、校对，这套《草原民俗风情漫话》即将付梓。在这里，编者向在本套丛书编写过程中，大力支持和友情提供文字资料、精美图片的单位、个人表示感谢：

首先感谢内蒙古人民出版社资料室、内蒙古图书馆提供文字资料；

感谢内蒙古饭店、格日勒阿妈奶茶馆在继《请到草原来》系列之《走遍内蒙古》《吃遍内蒙古》之后再次提供图片；

感谢内蒙古锡林浩特市西乌珠穆沁旗"男儿三艺"博物馆的工作人员提供帮助，让编者单独拍摄；

感谢鄂尔多斯市旅游发展委员会友情提供的2016"鄂尔多斯美"旅游摄影大赛获奖作品中的精美图片；

感谢内蒙古武川县青克尔牧家乐演艺中心王补祥先生，在该演艺中心《一代天骄》剧组演出期间友情提供的"零距离、无限次"的拍摄条件以及吃、住、行等精心安排和热情接待；

特别鸣谢来自呼和浩特市容天艺德舞蹈培训机构的"金牌"舞蹈老师彭媛女士提供的个人影像特写；

感谢西乌珠穆沁旗妇联主席桃日大姐友情提供的图片；

感谢内蒙古奈迪民族服饰有限公司在采风拍摄过程中提供的服装和图片；

感谢神华集团包神铁路有限责任公司汪爱君女士放弃休息时间，驾车引领编者往返于多个采风单位；

感谢袁双进、谢澎、马日平、甄宝强、刘忠谦、王彦琴、梁生荣等各位摄影爱好者及老师，在百忙之中友情提供的大量精心挑选的精美图片以及尚泽青同学的手绘插图。

另外，本套丛书在编写过程中，参阅了大量的文献、书刊以及网络参考资料，各分册丛书中，所有采用的人名、地名及相关的蒙古语汉译名称，在章节和段落中或有译名文字的不同表达，其表述文字均以参考书目及相关资料中的原作为准，不再另行修正或校注说明，若有不足和不当之处，敬请读者批评指正和多加谅解。